高等职业院校高水平纺织专业群的建设机制、模式与路径研究

刘玉申　王曙东　陈贵翠◎著

中国纺织出版社有限公司

内 容 提 要

本书聚焦“专业群+产业链”，研究党建引领高水平纺织专业群运行机制，专业群对接岗位群，统筹推进科教融汇赋能职业教育发展，专业群从育人模式、金师团队建设、金课建设、金教材建设、金地建设五个维度协同构建金专培养体系。本书开启了科技育人模式新常态，依托“一院两翼”——现代产业学院、全国示范性职教联盟、技术转移中心，深化“科技+教育”融合；锚定“双师+双能”，打造课堂革命新生态；深耕“技能+文化+创新”，打造专业群金课建设新模式；融合“互联网+新技术、新材料、新工艺”，创新高水平专业群金教材建设；秉承“绿色+智能+虚实结合”，打造高质量专业群金地建设。本书可作为高校专业建设研究人员的参考书。

图书在版编目（CIP）数据

高等职业院校高水平纺织专业群的建设机制、模式与路径研究 / 刘玉申等著 . --北京：中国纺织出版社有限公司，2025. 2. -- ISBN 978-7-5229-2434-2

Ⅰ. TS1

中国国家版本馆 CIP 数据核字第 20253H79U3 号

责任编辑：朱利锋　　责任校对：寇晨晨　　责任印制：王艳丽

中国纺织出版社有限公司出版发行
地址：北京市朝阳区百子湾东里 A407 号楼　邮政编码：100124
销售电话：010—67004422　传真：010—87155801
http://www. c-textilep. com
中国纺织出版社天猫旗舰店
官方微博 http://weibo. com/2119887771
三河市宏盛印务有限公司印刷　各地新华书店经销
2025 年 2 月第 1 版第 1 次印刷
开本：710×1000　1/16　印张：13. 25
字数：225 千字　定价：78. 00 元

前　言

职业教育是社会发展的产物，是人类文明进步的产物，是人类自身发展的产物，也是与经济社会发展联系最紧密、服务最贴近、贡献最直接的教育类型。大力发展职业教育是近年来教育界的普遍共识，也是党和国家的战略发展目标。科教融汇作为教育领域的一个重要理念，旨在将科学与教育有机结合，促进学生全面发展，提升教育质量与效果，推动科技创新、产业发展与社会进步。现阶段高职院校的人才培养机制、科研工作定位、课程体系及资源平台建设无法促进教学与科研形成良性互动，人才供给与产业需求不能无缝衔接。本书从价值逻辑、实践路径及现实探索等方面对人才培养进行探讨，并结合盐城工业职业技术学院江苏省高水平现代纺织服装技术专业群案例分析，以深入探究科教融汇的重要性及实践意义，推动现代职业教育主动融入新发展格局，赋能新质生产力发展。

盐城工业职业技术学院现代纺织服装技术专业群（以下简称“专业群”）是江苏省高水平专业群。为服务地方纺织服装产业集群转型需求，统筹推进科教融汇赋能职业教育发展，主动与以波司登集团、江苏悦达纺织集团有限公司为代表的纺织服装企业合作，共建共享现代产业学院（一院），全国示范性职教联盟、江苏省技术转移中心和省级工程技术中心等平台（两翼），并结合高水平纺织服装专业群进行实践。按照纺织服装—智能制造—检测贸易全产业链逻辑组群。专业群改革传统单一的专业培养体系，从育人模式、课程体系、课堂革命、师资队伍、平台建设五个维度系统构建培养体系，打造高端复合纺织服装人才培养示范基地，形成现代职业教育主动融入新发展格局，赋能新质生产力发展的优秀实践范本。

本书综合了笔者近年来对高等职业教育教学的大量研究，聚焦“专业群+产业链”，在地方政府和中国纺织服装教育学会的指导下，与江苏悦达纺织集团有限公司等企业共建产业学院。与省内外同类院校、纺织服装贸易名企合作共建全国示范性职教联盟。发挥技术转移中心的科学技术牵引作用，以及科研项目、数字技术赋能课堂革命的主阵地作用，按照“思政引领、科教融汇、数智融合、双创植入、产学研落地”建设思路构建专业群培养体系。

本书研究党建引领高水平纺织专业群运行机制，专业群对接岗位群，统筹推进科教融汇赋能职业教育发展，专业群从育人模式、金师团队建设、金课建设、金教材建设、金地建设五个维度协同构建金专培养体系。将党建工作与思政教育、专业建设、教学科研、特色项目、文化育人“五项”融合，实施“双带头人”培育工程，推进“主线贯通”党建工作引领专业群高质量发展，致力于打造高素质创新型、技术技能型、复合型人才培养高地，实现为党育人、为国育才使命，为促进纺织行业进步和新质生产力发展贡献盐城工业职业技术学院的力量。

本书的研究开启了科技育人模式新常态，依托“一院两翼”——现代产业学院，全国示范性职教联盟、技术转移中心，深化“科技+教育”融合。实施“智能生产与数字教学技术双赛道融合、科研项目与课程项目双项目融通、企业专家与校内教师双导师教学、企业实践与校内实训双平台训练、创新创业与技能大赛双竞赛并行”建设路径，形成“现代学徒制”“现场工程师”“岗位群引领、学做创合一”等育人模式。

本书的研究锚定“双师+双能”，打造课堂革命新生态。践行双师双能(教学、科研能力)，以科学技术赋能教育者。对于校内专任教师，落实教师企业轮转制度，多方引擎开展“校企混编、科教融汇”学研创一体化金师团队建设，实施教学“四个一”工程。建设数字化教材，实施线上线下混合式教学模式，实现科研项目案例化、课堂作品成果化。形成以师资队伍为主导、以科研项目和课程为落脚点、以学生为创新主体的科教融汇课堂革命新生态。

本书的研究深耕“技能+文化+创新”，打造专业群金课建设新模式。按照智能化纺织企业岗位需求制定培养方案，将科技竞赛和科技创新活动融入培养过程，以中国国际大学生创新大赛的国家金奖赛项相关做法为案例，秉承文化育人的培养理念，实施“校园文化、产业文化、纺织文化、双创文化”相互融会贯通的课内、课外全方位课程思政体系。课内创建充满文化味的“平台课程共享+核心课程分立+拓展课程互选”岗、课、赛、证科创模块化课程体系；课外打造“第二课堂”（校园文化活动等）和“第三课堂”（社会实践活动)，实现学生科技创新教育与思政教育工作协同育人。

本书的研究融合了“互联网+新技术、新材料、新工艺”，创新高水平专业群金教材建设。针对国家规划教材《纺织材料检测》及省级重点教材《纺织导论双语教程》《新型纱线产品开发与创新设计》等的建设思路进行剖析，按照岗位工作内容细化项目化教材的建设内容，吸纳现代纺织服装产业学院、全国示范性职教联盟的企业人员进行教材编写，教材在使用过程中获得了学生的良好反馈。

本书的研究秉承“绿色+智能+虚实结合”，打造高质量专业群金地建设。金地建设坚持校企合作、产教融合、科教融汇、绿色智慧、虚实结合的建设思路，深入阐述了国家级纺织服装实训基地、绿色智慧纺织服装云实训平台、虚拟仿真实训平台、技术转移中心等的运行模式，通过平台建设赋能人才培养，提升社会服务能力。

本书可作为高职院校师生的教育教学和人才培养参考用书，也可作为相关专业师生、企业和科研院所的校企合作、产教融合、科教融汇案例参考书。

本书由刘玉申、王曙东、陈贵翠撰写。感谢团队成员姜为青、赵磊的通力协作，感谢赵菊梅、王前文、周红涛、丁晨、位丽、谷元慧为本书提供了丰富的教学参考资料，确保了本书的顺利出版。

本书为2023年江苏省高等教育教改研究课题重中之重项目“科教融汇赋能产学研思训创融合的纺织人才培养体系研究与实践”（2023JSJG048）、盐城工业职业技术学院教改项目“科教融汇赋能产学研训创纺织人才培养体系研究与实践”、江苏省职业教育教学改革研究课题“基于OBE理念课程思政赋能纺织专业协同育人模式研究”（ZYB623）、江苏职业教育研究课题“高职‘中文+职业’纺织专业国际学生培养模式研究”（XHYBLX2023286）、盐城市哲学社会科学联合会合作共建智库研究项目、盐城产教融合发展研究中心研究项目、盐城工业职业技术学院哲学社会科学创新团队（A类）——党建引领科教融汇与职教出海融合发展纺织创新团队（YGSK202501）的成果。

本书的研究工作得到了盐城工业职业技术学院高质量发展项目、江苏省高等职业教育高水平专业群建设项目——现代纺织技术专业群（苏教职函〔2020〕31号）、江苏省高校国际化人才培养品牌专业建设项目——现代纺织技术（苏教外函〔2022〕8号）的支持，笔者在此表示诚挚的感谢。在写作过程中，笔者参阅了大量的相关资料，在这里对相关文献的作者表示感谢。

在本书编写过程中，笔者始终保持认真严谨的态度，但由于水平有限，写作时间仓促，书中难免存在不妥之处，敬请各位专家、学者及读者朋友们批评指正。

著者

2024年10月于江苏盐城

目　　录

第一章 概 述

随着现代科技和社会的迅猛发展，高等教育作为培养高素质人才的重要基地，其育人模式不断创新与发展。党的二十大报告提出“统筹职业教育、高等教育、继续教育协同创新，推进职普融通、产教融合、科教融汇，优化职业教育类型定位。”其中，“科教融汇”这一关键词引发广泛关注，成为专家学者的研究热点。职业教育科教融汇是继产教融合政策之后，我国职业教育的又一次制度创新设计，是职业教育开辟新发展轨道、塑造新发展动能至关重要的一环。这既是对职业教育发挥作用，为实施科教兴国战略、人才强国战略以及创新驱动发展战略作出贡献的新要求，也是未来职业教育改革发展的重要方向之一。

为落实立德树人根本任务，服务产业集群转型升级，实现产业链—科技链—创新链—人才链的有效匹配，探索专业群协同发展，输出优质教育资源，已成为高水平专业群建设的重要命题之一。盐城工业职业技术学院高水平现代纺织服装技术专业群（以下简称“专业群”）为服务产业集群转型升级需求，落实立德树人根本任务，统筹推进科教融汇赋能职业教育发展，按照纺织服装—智能制造—电商贸易全产业链逻辑组合了现代纺织服装技术、纺织品检测与贸易、服装设计与工艺、智能制造技术四个专业。研究改革传统单一的专业培养体系，建立科教融汇赋能的高水平纺织服装专业群人才培养体系符合产业发展和纺织服装专业发展的方向，在同类高职院校纺织服装专业中尚属首创。

第一节 纺织行业的发展现状

纺织行业面临着消费者需求不断升级，以及全球产业布局和产业分工重新调整的双重压力，在新形势下，数字化转型将为纺织行业带来新的发展机遇。生产集群化、产业链细长、关联程度高是我国纺织行业的突出特征，也是纺织行业快速高效成长的重要因素。纺织行业的平台普及率高于全国制造业平均水平，纺织业数字化有利于加快实现产业链相关资源的快速聚合和协同延伸，以及价值链、物流链、金融链的全面融合，提高纺织行业整体活力。

一、全球纺织工业发展历程

全球纺织工业起源于工业革命，18 世纪以来，全球纺织产业中心经历了英国—美国—日本—韩国、中国—东南亚国家的多次变迁。总体来看，机械化生产水平的提高、劳动力成本及纺织原材料的资源禀赋优势决定了全球纺织产业中心的转移方向，其中纺织工业机械化生产水平是发展基础，劳动力成本则是决定全球纺织产业中心的关键因素。

二、全球纺织供给情况

随着全球纺织工业产能和技术水平的不断提高，全球纤维产量在过去 50 年不断增长。根据纺织交易所（Textile Exchange）统计数据，2019～2022 年，全球纤维产量持续增长。2022 年全球纤维产量达 1.16 亿吨，相比 1975 年的 0.34 亿吨增长超过两倍。

三、全球纺织需求现状

从纺织行业主要下游服装市场来看，统计数据显示，2015～2023 年全球服装市场规模呈现波动变化的态势，总体市场需求趋于稳定，初步统计 2023 年全球服装服饰市场规模为 1.54 万亿美元，总体来看，全球服装需求规模趋于稳定。

四、全球纺织市场竞争格局

随着全球纺织工业发展不断完善，其格局总体趋于稳定，体现为：英国、美国、日本、韩国等纺织工业领先国家目前主要布局新型纺织纤维的设计和研发，全球纺织工业重心仍集中在以中国、东南亚国家为代表的亚洲地区。

目前在国际上，对于纺织工业的界定尚不明确，考虑到可能存在产业界定带来的数据偏差，下面将主要参考国家统计局的产业统计口径进行全球纺织工业市场规模的测算。

根据中国纺织工业联合会数据，2022 年，我国纺织全行业纤维加工总量超过 6000 万吨，占全球比重的一半以上。2023 年，全球纤维产品产量与需求量相当。综合各项数据进行测算，2023 年全球纺织工业市场规模为 45758 亿元，到 2030 年，全球纺织工业市场规模有望达到 64940 亿元，年复合增长率为2.5%。

五、纺织产业在轻工大类中的地位

轻工大类包含轻化工程、包装、印刷、纺织、服装等相关专业，所涉及的制浆造纸技术、化妆品技术、服装设计与工艺等专业都和我们的日常生活息息相关。纺织牵涉我们生活的方方面面，小到面膜、毛巾，大到“水立方”、航空潜水工业，纺织轻工的发展前景与创新前景广阔。

纺织产业在轻工大类中占据核心地位。纺织产业是轻工业的重要组成部分，涉及将天然纤维和化学纤维加工成各种纱、丝、线、带、织物及其染整制品的工业部门。它包括棉纺织工业、麻纺织工业、毛纺织工业、丝纺织工业和化学纤维纺织工业等多个分支。

纺织产业的发展定位和趋势也显示了其在轻工大类中的重要地位。中国纺织工业被定位为“科技、时尚、绿色”的产业，旨在增强我国纺织经济的创新力和竞争力。在“十四五”规划中，纺织产业被视为国民经济的支柱产业、解决民生问题的基础产业以及国际合作的优势产业。此外，随着科技的发展和“互联网+”时代的到来，纺织行业正在向科技、高端、时尚、绿色的方向转型，未来发展潜力巨大。

根据世界贸易组织的统计资料显示，中国纺织服装产品出口全球占比为33.7%。这一数据表明中国是全球最大的纺织服装出口国，其出口总额连续30年居世界首位。具体来说，2023年中国服装出口总额为1640亿美元，占全球服装出口总额的31.6%，虽然较2022年下降了9.7%，但这一表现仍优于其他主要供应国。此外，2020年全球纺织品服装出口金额为8024亿美元，其中中国出口金额为2960亿美元，占全球比重为36.9%，同样位居第一。

近年来，中国纺织服装出口面临市场需求疲软和贸易壁垒增多等挑战，但中国凭借完备的产业体系，供应链稳定性和高效性，仍然保持了全球领先地位。

六、中国纺织产业发展水平

中国纺织业发展现状总体呈现稳中有进的态势。2024年上半年，随着宏观政策效应的持续释放和外需逐渐回暖，中国纺织产业运行平稳，内销和外销均表现出积极的增长态势。

出口方面，纺织品服装出口整体好于预期。2024年1~6月，我国纺织品服装累计出口金额为1431.8亿美元，同比增长1.5%。其中，纺织品出口金额为693.5亿美元，同比增长3.3%；服装出口金额为738.3亿美元，与上年同期持平。我国对主要市场纺织品服装出口整体延续修复态势，对美国、英国、越南、孟加拉国、哈萨克斯坦等主要贸易伙伴的出口额均实现正增长。

生产和效益方面，纺织行业保持稳定增长。2024年上半年，规模以上纺织企业工业增加值同比增长4.6%，营业收入22692亿元，同比增长5.8%；利润总额690亿元，同比增长20.8%。化纤、布、服装等主要产品的产量均实现正增长，显示出行业整体效益的改善。

行业技术和市场方面，中国纺织产业不断创新和发展。中国是全球最大的布料生产和消费国之一，布料行业规模庞大，产能位居世界前列。随着纺织技术的不断进步，中国布料市场在产品创新方面取得了显著成果，新型纤维材料的应用、织造技术的改进、后整理工艺的创新等都为布料产品带来了更高的附加值和更好的性能。

综上所述，中国纺织产业在内外需市场、生产和效益、技术创新等多个方面均表现出稳中有进的良好态势，行业整体发展势头良好。

第二节　高职院校“科教融汇”的研究现状

一、高职院校“科教融汇”育人模式的相关概念阐释

“立德树人”是教育包括职业教育在内的根本任务。科教融汇本质上是指科学技术与教育教学在技术、资源和人才三个维度实现深度融合、广泛交叉、相互转化、有机结合，并以培养技能型创新人才、促进科技创新和推动产业发展为目标的过程和结果。科教融汇的内涵具有包容性、状态性和结果性。科教融汇提出，旨在通过教育与科技的深度融合，促进人才培养质量提升，尤其是培养拔尖创新人才，为社会发展注入更多创新动力。简而言之，职业教育科教融汇的本质是政、科、教、产、研等多主体协同育人新模式。

“科教融汇”育人模式作为一种新型的教育理念，正在高职院校中逐渐得到推广和应用。科教融汇协同育人具有互动性、创新性、实践性等特点，注重学生的主体地位，强调教师与学生的互动，以及在实践中培养学生的创新能力和解决问题的能力。

推进职业教育科教融汇育人，需要树立系统思维，充分认识到科技创新与

教育体系互动赋能的重要价值，持续优化科教融汇育人的体系和过程。要围绕创新型技术技能人才培养，尊重职业教育教学规律和技术技能人才成长规律，“汇聚融合科技与教育的力量，强化科学技术与人才培养的互动关系，深入推进科技元素融入人才培养全过程，推动科技创新融入学生全面发展，不断提高创新人才培养质量，提升科教资源配置的合理性”，助力学生道德成人、技能成才、职业成长，使之成为有报国情怀、高尚品德、科研素养的创新型技术技能人才。在高职院校中，科教融汇不仅体现在专业课程的设置和教学方法的改革上，更贯穿人才培养全过程。具体而言，第一，实施教学改革，在教学过程中，结合教学内容和教学要求引入科研元素，进一步丰富教学形式和内容，提升教学质量，以实现先进的科学技术成果向教学内容转化，持续更新知识，加速科学研究渗入教育教学，建立起“教—科—学—用”的融通架构。第二，搭建科研平台，利用科技创新改进教学手段，完善教育教学信息化、数字化、智能化，培养学生的实践敏锐度和创新思维。第三，以教学为重点，制定培养科技创新人才的战略目标，可以通过加强人才培养与市场需求的有效协调，促进学术追求和教学努力的相互加强，以及以学术探究为起点、以教学为渠道的产业合作。教学的最终目标是通过教学让学生掌握专业技能，进而实现产业界所需的科技创新。

二、高职院校实施“科教融汇”研究价值

党的二十大报告指出，教育、科技、人才是全面建设社会主义现代化国家的基础性、战略性支撑，科教融汇是国家“三位一体”实施科教兴国战略、人才强国战略、创新驱动发展战略的重要突破口。当前，科技和产业正在快速发展，高职院校深入实施科教融汇，既是响应国家战略需求，也是主动出击应对变局的重要举措，对推动职业教育改革发展和经济社会高质量发展具有重大价值。

（一）促进产学研深度融合

职业教育的目标就是培养学生的实践技能和职业素养，并最终为行业企业服务。可以看出，职业教育实际上和产业生产有着密不可分的关系。高职院校应大力深入推进科教融汇，更加精准把握行业企业对职业院校人才提出的新需求，推进产业、学术、科技深度融合发展，促进产业转型升级和技术革新，推动经济社会高质量发展，助力创新型国家建设。

（二）强化职业教育适应性

职业教育与科技研究密切相关，科学技术是第一生产力，其在教育和社会发展中起着重要作用。新一轮科技革命的到来要求职业教育的社会功能要和当今经济社会的发展相适应，这就要求高职院校务必与时俱进，提升科研水平。高职院校实施科教融汇实际上就是在促进科技和教育有机融合，实现办学模式、育人方式和科研机制的高度整合，最终培养出一大批高素质高质量技能人才，为产业发展提供智力、技术和服务支持。通过科技引领职业教育的发展，促进职业教育与科技和产业同步发展，从而提高职业教育对产业发展的适应性。

（三）提升人才培养质量

高职院校传统的人才培养往往侧重于简单机械的“专业技能教育”，对学生科技创新能力的关注度不够。另外，相比于本科院校，高职院校的整体科研实力较为薄弱，这导致职业教育领域与科学研究领域之间联系不够紧密。高职院校实施科教融汇，可以减少不同资源之间的差异性，推动科研主体和职业教育主体深度协作，整合科研与教育领域合作资源，构建创新型技术技能人才培养新体系。基于新型科教融汇育人环境，增强科研资源、教育资源的动态组合利用，实现科技创新与人才培养的相辅相成，为职业教育人才培养提供了更多内生动力，切实提高创新型技术技能人才培养的效率和水平。

三、高职院校实施“科教融汇”研究意义

（一）推动科研范式的转型与创新

科教融汇赋能高职院校科研改革，推动科研范式的转型。在科教融汇理念下，高职院校构建助推科研和教育质量双向提升的跨专业组织已成为必然。在此背景下，高职院校应明确自身的科研定位，在科研方面投入更多的精力，积极参与科研活动，通过分析不同类型跨专业组织特征，提出相应的运行策略，推进科研成果向教学和市场双向转化，推进教育链与创新链融合，有助于进一步提升高职院校的科研和教育质量及社会服务能力，更好地服务于高质量教学改革和国家科技自立自强的需求。

（二）促进产学研深度合作

面对政府缺位、合作单位认识偏差等困境，高职院校应积极寻求地方政府支持，瞄准地方经济发展动向，全面引入地方可合作资源，坚持以市场需求为导向，促进校企产学研深度合作。通过深入实施科教融汇，与行业企业建立更

加深度融合的校企合作机制，共建学院和科技实体，整合资源优势，实现院校和企业利益需求的均衡，这有助于实现校企需求的完美对接，推动高职院校产学研深度融合，更好地服务于区域经济社会发展。

（三）提升人才培养质量

通过强化整体认知，构建科教融汇育人系统，拓展组织边界，畅通科教融汇系统沟通网络，完善制度体系，激发科教融汇系统主体动力，可以持续自我生产，提升教育质量和科研能力。在科教融汇推动下，校企合作进一步深化，协同创新进一步加强，科研水平和专业建设能力进一步提升，这为知识创新和技术创新提供了高技能复合型专业人才支撑，对提高高职院校人才培养质量和效率具有重要意义。

综上所述，高职院校实施“科教融汇”具有重要意义，为其高质量发展提供了关键支撑。

第三节 专业群建设

“十四五”以来，纺织服装工业的发展规划包括“以提高发展质量和效益为中心，以推进供给侧结构性改革为主线，以增品种、提品质、创品牌的‘三品’战略为重点，增强产业创新能力，优化产业结构，推进智能制造和绿色制造，形成发展新动能，创造竞争新优势，促进产业迈向中高端”，同时，由阿里巴巴、全球纺织网等电商 B2B 平台组成的纺织服装生力军成为纺织服装行业转型升级的重要推动力量，“互联网+纺织服装”已成为纺织服装产业发展的新模式。纺织服装产业价值链的高端化发展，催生了纺织服装新业态、新要求，迫切需要为产业发展提供人才培养服务的纺织服装专业群构建人才培养新模式、提高人才培养质量、提升服务产业能力。

专业群建设是高职教育的重要环节，它能够促进高职院校的专业优势互补，提高教学资源的利用效率，增强学生的实践能力和就业竞争力。通过专业群建设，可以进行专业资源共享和结构优化，完善产业对接并提升专业群的集聚效应和服务功能，促进教育链、产业链、人才链、创新链有机衔接，充分发挥人才培养供给侧和产业需求侧结构要素全面融合的优势。基于此，从教育链、人才链、产业链的动态耦合与匹配出发，重新审视专业群的内在机理与实施路径具有重要意义。

一、专业群建设的内涵

目前，国内存在许多关于高职院校专业群的具体说法，大致分为以下几种。第一，专业群主要指具有共同的行业背景、共同的知识和技术基础、共同的人才和资源，为了达到特殊的目标而组建的集群。专业群也需要包括一个最核心的专业或者几个实力相对较强、就业比例较大的国家重点建设专业。第二，专业群泛指由若干个与专业技术知识基础相同或者与专业技术有着紧密联系的专业技术人员构成的、具备一定共性且可以涵盖特定的技术或范围等方面的综合性集群。

高职专业群建设是推进职业教育改革的重大举措，要整体把握好高职专业群的几个基本属性。

（一）教育性

产业发展带来复合型技能人才需求，单个专业培养无法满足岗位需求，这是专业群产生的根本原因。高职专业群的主要功能是人才培养，虽然专业群还承担着应用技术创新、社会培训服务等其他功能，但人才培养是专业群的主要任务与核心功能。基于此，如果没有带来人才培养理念和培养模式的根本性变革，就不是真正意义上的专业群建设。

（二）职业性

职业教育是从职业出发的教育，职业是职业教育的逻辑起点。职业关系同样是专业群专业组合的依据，专业群不是人为组合而成的，它源自客观的职业岗位群对人才培养目标规格的需求。是否面向相同的职业岗位群，决定了专业之间是否具备组群的客观条件；职业群界定了组群专业的外延，也明确了专业群的根本任务，即服务学习者在此职业群内的职业生涯发展。

（三）协同性

高职专业群将不同专业按照职业联系组合在一起，群内专业之间是协同关系，不是从属关系，各专业具有相对独立性。专业群不是取代了专业，而是提供了新的专业建设路径，让原本离散的单体专业发挥协同育人作用。专业群内的专业在基础、条件、规模、质量方面可能存在差异，优势专业对其他专业有辐射带动作用，但每个专业都有特定的培养方向，既可以资源共享、相互融合，又各有定位、系统完整地实施人才培养。

（四）开放性

资源利用的专业分割，限制了专业的服务能力，专业建设难以得到产业界的有效支持与参与。相比单个专业，专业群体量增大，适应市场的机制更为灵活，充分发挥跨专业的优势，满足企业在职业培训、技术研发等方面的综合需求。高职专业群建设与普通高等教育学科建设的根本区别就是其具有很强的开放性，行业企业深度参与专业群建设。

（五）系统性

专业群是一个系统，不仅要向系统外输送高素质人才满足用人需求，同时也要及时从系统外汲取能量信息，使群内各专业结构关系、培养模式、课程体系、实践条件、师资队伍等要素不断完善。

（六）创新性

随着传统产业转型和新兴产业快速发展，新兴职业岗位需求大量产生，信息化社会也对众多职业提出更高要求，促使高职专业群必须随之不断调整和创新，提升服务产业能力，提高人才培养质量。

专业群建设服务区域经济发展的要求决定了人才链、教育链、产业链“三链”应该有机融合并统筹推进。

二、专业群建设的必然性

首先，经济社会发展是驱动专业群建设的重要因素。随着我国经济发展进入新常态，“十四五”时期作为全面现代化进程的关键阶段，产业集群效应日益显著。经济社会的发展对复合型技术技能人才的需求日益提高，特别是在“互联网+”“人工智能”等新兴行业的推动下，工作环境的复杂性和工作内容的综合性更加突出。传统的单一技能型人才已难以满足当前劳动力市场的需求，因此，对职业教育人才培养工作提出了更高的要求。高职教育作为职业教育的重要组成部分，自然要承担起培养复合型技术技能人才的使命。专业群建设作为顺应产业变革和社会发展的新产物，成为复合型技术技能人才培养的新载体。

其次，国家宏观政策引导也为专业群建设提供了有力支持。近年来，教育部、财政部等部门出台了一系列相关政策，如《教育部 财政部关于实施中国特色高水平高职学校和专业建设计划的意见》（简称“双高计划”），为高等职业教育的发展提供了行动指南，使高职教育的改革与发展进入了一个全新的阶段。这些政策不仅明确了专业群建设的方向和目标，还提供了相应的资金和资源支持，推动了高职院校专业群建设的深入开展。

再次，建设高水平的专业群是高职院校内涵建设的必然追求。专业群建设是高职院校促进其内涵发展，办出品牌特色的关键。在生源竞争逐渐激烈、产业结构不断调整和创新的时代背景下，高职院校开展专业群建设，有利于学校教学资源的整合与共享，既发展了核心龙头专业，又发挥了该专业的引领辐射作用，促进其相关专业的同步发展，提高学校的办学质量；专业群建设还有利于优化专业结构，调整专业发展方向，并根据市场发展动态灵活地调整专业方向，积极培育市场急需的新兴专业人才。

最后，高职院校自身的发展需求也是专业群建设的重要推动力。高职院校为了提升教育质量和人才培养水平，需要不断优化专业设置和教学资源配置。专业群建设通过整合相关专业的教学资源和师资力量，形成优势互补、协同发展的建设机制，有助于提高高职院校的教育教学质量和人才培养效果。

综上所述，专业群建设的背景是多元化的，既包括经济社会发展的需求和挑战，也包括国家宏观政策的引导和支持，同时还与高职院校自身的发展需求密切相关。这些因素共同推动了专业群建设的深入发展，为培养更多高素质技术技能人才提供了有力保障。

三、高职院校纺织服装专业群特点

高职院校纺织服装专业群作为培养纺织服装产业人才的重要基地，其特点鲜明，紧密对接产业需求，培养具备实践技能和创新精神的高素质技术技能人才。本书将从以下八个方面阐述高职院校纺织服装专业群的特点。

（一）紧密对接产业需求

高职院校纺织服装专业群紧跟时代步伐，密切关注纺织服装产业的发展动态和市场需求。在专业设置和课程安排上，充分考虑产业趋势、技术创新和人才需求，使教育内容与产业发展紧密相连。这有助于学生了解行业前沿知识，提高就业竞争力，更好地服务于产业发展。

（二）培养技术技能人才

纺织服装专业群以培养技术技能人才为核心目标，注重提升学生的实际操作能力和职业素养。通过丰富的实践课程和实习实训，使学生掌握纺织服装生产、研发、管理等方面的基本技能和知识，具备从事纺织服装行业相关岗位的能力和素质。

（三）理论与实践相结合

高职院校纺织服装专业群在教学中注重理论与实践相结合，既重视基础理论知识的传授，又强调实践能力的培养。通过课堂教学、实验实训、校企合作等多种形式，使学生在掌握理论知识的同时，具备解决实际问题的能力。

（四）教学形式多样创新

高职院校纺织服装专业群在教学形式上不断创新，采用线上线下相结合的教学模式，充分利用现代信息技术手段，提高教学效果。同时，开展项目式教学、案例分析、模拟实训等多样化教学活动，激发学生的学习兴趣和主动性。

（五）考核标准综合全面

高职院校纺织服装专业群的考核标准既关注学生的理论知识掌握情况，又注重实践能力的评价。通过综合评价学生的出勤、作业、课堂表现、实验实训成绩等方面，形成全面、客观的考核体系，确保培养质量。

（六）服务地方经济发展

高职院校纺织服装专业群紧密结合地方经济发展需求，为区域纺织服装产业提供人才支撑和智力支持。通过与地方政府、行业协会、企业等建立紧密的合作关系，参与地方产业规划、技术咨询、人才培训等活动，推动地方纺织服装产业的转型升级和可持续发展。

（七）产业链育人模式

高职院校纺织服装专业群采用产业链育人模式，将纺织服装产业链上下游的各个环节融入人才培养过程中。通过校企合作、工学结合等方式，使学生了解并参与纺织服装产品的研发、生产、销售等全过程，培养学生的产业链思维和跨界合作能力。

（八）国内外合作与交流

高职院校纺织服装专业群积极开展国内外合作与交流，引进国际先进的教育理念和教育资源，提升专业群的国际化水平。同时，加强与国外高校、研究机构的合作与交流，推动师生互访、学术交流等活动开展，拓宽学生的国际视野，培养其跨文化交流能力。

综上所述，高职院校纺织服装专业群具有紧密对接产业需求、培养技术技能人才、理论与实践相结合、教学形式多样创新、考核标准综合全面、服务地方经济发展、产业链育人模式以及国内外合作与交流等特点。这些特点使纺织服装专业群在人才培养和产业发展中发挥着重要作用，为纺织服装产业的繁荣和发展提供了有力支持。

四、高职院校纺织服装专业群问题分析

高职院校纺织服装专业群在培养纺织服装产业人才方面发挥着重要作用，

但同时也存在一些明显的问题，现从以下几个方面对高职院校纺织服装专业群所存在的问题进行分析。

（一）技术装备相对落后

当前，高职院校纺织服装专业群的技术装备普遍较为落后，无法满足现代纺织服装产业对高端设备和技术的需求。这不仅影响了学生的实践操作能力和技能的掌握，也制约了专业群的教学质量和科研水平。因此，提升技术装备水平是高职院校纺织服装专业群亟待解决的问题之一。

（二）新产品开发能力弱

由于专业群内部的教学和科研资源有限，以及缺乏与产业界的紧密合作，高职院校纺织服装专业群在新产品开发方面能力相对较弱。这导致学生缺乏创新意识和实践能力，无法适应市场对新产品、新技术的需求。因此，加强产学研合作，提升新产品开发能力，是专业群发展的重要方向。

（三）跨学科学习压力大

纺织服装专业涉及的知识领域广泛，需要学生具备跨学科学习能力。然而，高职院校纺织服装专业群在课程设置和教学资源方面往往难以满足跨学科学习的需求，导致学生面临较大的学习压力。这不利于培养学生的综合素质和创新能力，也影响了学生的就业竞争力。

（四）课程内容更新缓慢

随着纺织服装产业的快速发展和技术创新，高职院校纺织服装专业群的课程内容需要及时更新以适应市场需求。然而，由于教材编写、教学资源更新等方面的限制，专业群的课程内容往往更新缓慢，无法及时反映行业前沿知识和技术。这导致学生的学习内容与市场需求脱节，影响了就业前景。

（五）实践教学机会有限

实践教学是高职院校纺织服装专业群培养技术技能人才的重要环节。然而，由于教学资源有限、校企合作不足等原因，学生的实践教学机会往往有限。这影响了学生的实践操作能力和职业素养的提升，也限制了专业群的教学质量和人才培养效果。

（六）行业竞争力有待提升

当前，纺织服装行业面临着国内外市场的激烈竞争和产业升级的压力。高职院校纺织服装专业群在行业竞争力方面还有待提升。一方面，专业群需要加强与产业界的合作，了解市场需求和行业趋势，提高人才培养的针对性和实用性；另一方面，专业群还需要加强自身的科研能力和创新能力，提升在行业中的影响力和竞争力。

综上所述，高职院校纺织服装专业群在技术装备、新产品开发能力、跨学科学习压力、课程内容更新、实践教学机会、行业竞争力等方面存在明显的缺点。为了提升专业群的教学质量和人才培养效果，需要针对这些缺点采取有效的措施加以改进和完善。

五、专业群建设的价值

建设高水平的专业群是服务经济社会的外在需要。习近平在全国教育大会上指出，教育的根本任务就是立德树人，服务社会。高等教育的职能之一就是服务社会。职教具有两种属性，为高等教育和职业教育，因此立德树人、服务地方经济社会是职教义不容辞的社会责任。建设高水平的专业群，发挥专业的集群优势，提升服务产业的能力，更加深入地开展校企合作，有助于高职院校更好地提升服务社会的能力。扎根中国大地，全面贯彻新时代中国特色社会主义办学思想，树立德技并修、工学结合的职业教育理念，为中国各项产业全球化提供高素质的综合型技术技能人才保障和支撑。

六、高职院校专业群建设的原则

（一）外部的逻辑起点：产教对接的组群原则

重点优先建设一批具有引领作用的高水平的高职院校专业群，“双高计划”是落实职业教育作为类型教育的重要制度设计，也是新时代国家职业教育阔步发展的“先手棋”。高职院校要提升专业群建设水平，科学组群是前提，是发挥专业群集聚效应的前提。从学校的专业布局来看，专业群要面向地方重点产业和支柱产业链，并结合自身办学特色和办学资源，实现专业结构和产业结构有效对接，精准分析产业需求与人才培养供给之间的交集地带，实现专业群与产业链或者岗位群的无缝对接。

（二）内部的相关性：能力本位、共享资源的教学组织原则

高职院校通过组建专业群，将原来分散的单个专业发展目标整合到专业群整体发展目标上，使资源配置指向更集中。专业群建设可以更好地进行系统化教学改革设计，开展基于教师、教材、教法的“三教”改革。专业群建设还必须将高职教育的产教融合发展聚焦到校企合作资源整合上，将相关专业资源要素充分集中，实现群内资源优势互补，发挥资源规模效益，同时通过建设与发展，调整优化资源要素组合方式，增进资源效益。专业群组群天然趋向于建

设高度共享的实训基地、技术平台、教师团队等办学载体，从而有效克服单个专业在资源共建共享广度和深度上的局限性，最大限度发挥专业群在资源共建共享上的强大动力作用！

七、高职院校专业群建设的逻辑

(一) 对接现代纺织服装产业链，构建现代纺织服装技术专业群

紧跟中国制造 2025 和“5G+工业互联网”融合发展战略，驱动传统纺织服装行业转型升级，迫切需要纺织服装技能人才实现跨界融合。“一带一路”带来了国际产能合作“新机遇”，迫切需要输出优质教育资源，探索国际合作办学新路径。建成高质量职业教育体系，迫切需要学校深化产教融合，探索人才培养新路径，实现高质量发展。

纺织服装是我国传统支柱产业、重要民生产业和创造国际化新优势的产业。本专业群由“现代纺织服装技术、服装设计与工艺、纺织品检验与贸易、智能制造、电子商务”五个专业组成，对接纺织—服装—制造—贸易—电商产业链。现代纺织服装技术与智能制造专业对接纺织服装数字化设计和智能化生产岗位，服装设计与工艺专业对接服装数字化设计及智能加工岗位，纺织品检验与贸易专业对接产品质量安全认证和贸易岗位，电子商务专业对接数字营销岗位，服务国家供给侧结构性改革和传统产业高端发展需求。

(二) 面向高端纺织服装产业需求，确立专业群人才培养定位

坚持立德树人、德技并修，服务纺织服装行业，辐射长三角区域和地方经济社会发展，面向纺织服装生产链中的材料、纺织、染整、服装、检验、贸易、电子商务等相关领域，通过产教融合，培养能够胜任高端纺织服装产业的新材料研发、绿色生产、智能制造、安全检验、数字营销等职业岗位群工作，德智体美劳全面发展，具有纺织服装大工匠潜质的发展型、复合型、创新型高素质技术技能人才，助推纺织服装产业转型升级。

纺织服装时尚化、个性化、智能化、品牌化、国际化发展催生了纺织服装设计生产、产品质量安全认证、营销贸易新型岗位群，要求专业人才跨界融合、能力复合。专业群的人才培养目标定位是“面向江苏高端纺织服装产业，培养德智体美劳全面发展，掌握纺织服装数字化设计、智能生产与管理、产品检测与安全认证、数字营销等知识和技术技能，具备工匠精神和岗位迁移能力的高素质技术技能人才。”

（三）组群逻辑

1. 群内专业关联度高，实现专业协同发展

各个专业服务同一产业，发挥省品牌专业现代纺织服装技术的核心优势，驱动服装设计与工艺、纺织品检验与贸易、电子商务、物流管理数字化、智能化、时尚化、个性化，实现组群专业协同发展。

2. 群内专业共建共享，实现资源集约发展

专业群共同开设“纺织服装导论”“商务英语”“视觉审美设计”“纺织服装市场营销”等专业基础平台课程，各个专业在合作企业、用人单位、校内外实习实训基地、专兼职教师等方面共建共享，实现群内建设资源集约发展。

3. 群内专业各显特色，实现学生个性发展

针对学生职业特质差异，多方向培养，对接数字化设计师、智能生产工程师、质量管理认证师、电子商务师、互联网营销师等核心岗位，开设拓展课程，实现学生个性发展。

总之，在经济结构和产业结构不断调整优化的新时代，高职院校在保障人才供给质量方面扮演着重要角色，紧密对接岗位群和产业链的专业群建设将成为高职院校助推人才培养质量的内驱力。未来高职院校必须面向产业结构变化，经济快速发展，以科教融汇赋能专业群建设为契机，完善新时期高职教育人才培养方案及体系，推进高职教育硬核发展。

第四节 研究思路与创新点

一、研究思路

专业群建设研究框架如图 1-1 所示。

（一）加强顶层规划，科学构建专业群培养体系

立足专业群，实现协同创新发展。以海内外产业集群需求为主导，坚持科教融汇，按照纺织—服装—智能制造—检测—贸易全产业链逻辑组群，发挥省国际化品牌专业现代纺织服装技术的核心优势，驱动服装设计与工艺、智能制造技术、纺织品检验与贸易专业协同发展。通过机制保驾护航，确保培养体系系统实施和创新型复合人才培养质量。

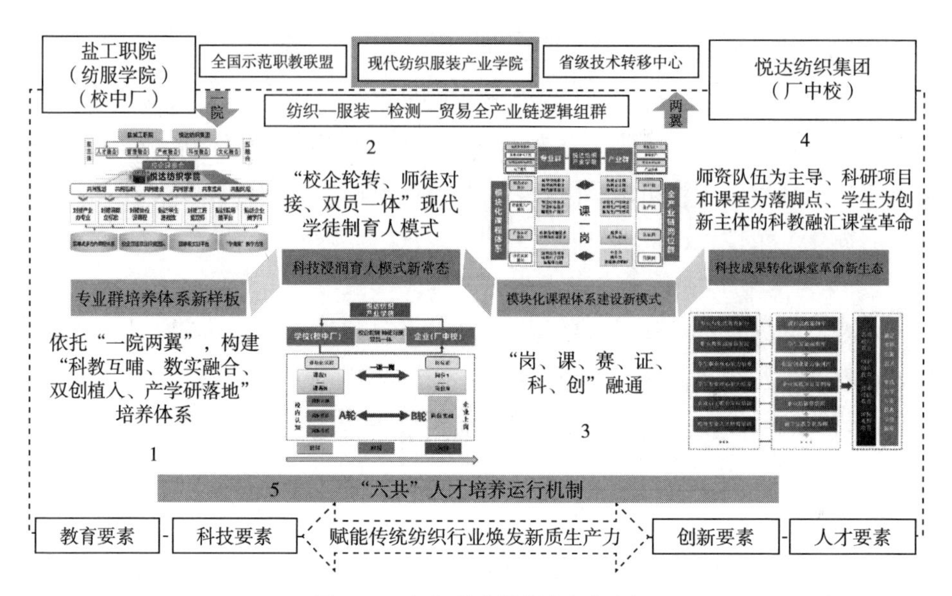

图 1-1　专业群建设研究框架图

（二）精心设计开发思路，促进“科技+教育”深度融合

强化“科技+教育”，开展学徒制育人模式。为实现教学过程与就业岗位、职业资格标准与教学内容“无缝对接”，创建中外文化交融的模块化课程体系，践行数字化教育。实施“校企轮转、师徒对接、双员一体”的现代学徒制育人模式。针对教学型和科研型教师进行分类培养，鼓励教师境外读博，拓展优秀教师的国际交流领域，赋能团队“海外+”协同关系。

（三）打造岗、课、赛、证科创课程体系，实现技术技能与创新创业教育协同育人

创建“岗位技能不断线、科技创新不断线、思政教育不断线、劳动教育不断线”岗、课、赛、证科创课程体系，建设“思政+项目+‘1+X’证书+竞赛+作品”模块化教学资源库，依托校企共建“虚拟+现实”实训基地，有效实施“三教”改革，确保创新型复合型高素质技术技能纺织服装专业人才培养目标的实现。

二、创新点

（一）专业群培养体系创新

贯彻落实“立德树人+科教融汇”，在现代纺织服装产业学院基础上，参照国际标准认证，通过重构育人模式、课程体系、师资力量、运行机制等创新

“六化协同”培养体系，促进企业转型、科技教育、培养体系协同升级。通过“科教互哺、产学研结合、思政贯穿、训创融通”产学研思训创相融合的开发思路，可实现“产业链—科技链—创新链—人才链”四链融通，有效提升专业群人才培养质量。

（二）从课程体系到育人模式创新

专业群抓住创新型技能人才培养这个关键目标，按照“平台课程共享、核心课程分立、拓展课程互选”原则，实现“思政教育、岗位技能教育、科技创新教育”全覆盖，创建多元文化融合的岗、课、赛、证科创模块化专业群课程体系。采用教学内容生产化、教学组织阶段化和岗位训练轮转化的教学组织方式。重构的课程体系和高效的教学组织方式，为“校企轮转、师徒对接、双员一体”现代学徒制育人模式的实施提供了保障，实现了学校、企业、学生三方互惠共赢。

（三）从体制到文化创新

参照国际认证标准，构建由纺织服装学院、行政部门、认证机构和企业专家四主体联合构成的多元多层次运行机制和实训平台。在课程体系构建上坚持思政引领，课内打造贯穿国际通用职业能力培养，教学目标上坚持思政刚性，教学内容上坚持思政鲜活性，教学评价上坚持思政底线；课外打造文化引领的“第二课堂”和“第三课堂”。实现体制的传承与创新演化为文化的自觉，使文化认同、专业自信成为专业群的文化共识。

第五节 研究内容与研究方法

一、研究内容

科教融汇是在全面建设社会主义现代化国家背景下，保持科技与教育目标一致的基础上提出的，反映了国家对高职院校担当强国兴国责任的诉求。研究紧跟党的二十大对职业教育的发展要求，以盐城工业职业技术学院现代纺织服装技术专业群为研究对象，依托江苏省首批现代纺织服装产业学院、国家示范职教联盟、市域产教联合体、省级技术转移中心等平台。

（一）基于现代纺织服装产业学院，构建科教融汇赋能人才培养体系

现代纺织服装技术专业整合多方办学资源，与江苏悦达纺织服装集团有限公司、波司登集团秉承“校企双主体、五融合运行管理”的原则，通过共同

规划、共构组织、共同建设、共同管理、共享成果、共担风险成立了现代纺织服装产业学院。基于现代纺织服装产业学院、国家示范职教联盟、市域产教联合体、省级技术转移中心等平台，构建“智能生产与人工智能（AI）教学两个赛道融合、科研项目与课程项目双项融通、企业专家与校内教师双重导师教学、企业实践与校内实训双项平台训练、创新创业与技能大赛双向赛道”开发思路，打造科教融汇赋能的“产教融合、教科互哺、产学结合、科创融通”人才培养体系。

（二）深化科技与教育融合，实施现代学徒制人才培养模式

依托现代纺织服装产业学院，实施教学内容生产化、教学组织阶段化和岗位训练轮转化的教学组织方式，保障实践教学课时数达到60%。在悦达纺织服装2041班和越南纺织服装2001班开展现代学徒制，校企共同组织和管理学生开展最新企业典型产品技术攻关，合作开展产学合作、项目研发、产品设计、工艺实施等岗位训练工作。校企共同制定实施教学培养计划和组织学生进行校内专业理论课程学习。企业提供智能车间岗位生产设备、场地工位和劳动保障等进行智能车间岗位实战。在企业实训期间，校内教师全程跟岗，企业兼职教师即为师傅。深化科技与教育融合，阶段化组织半天在学校开展岗位认知教学，半天在企业现场开展纺纱、织造、针织、产业用纺织品岗位实训操作，实现学校学员和企业员工的“双员一体”。毕业生能够胜任产品设计、生产管理、质量控制等纺织服装生产岗位工作，形成“校企轮转、师徒对接、双员一体”现代学徒制人才培养模式。

（三）升级人才培养方案，创建岗、课、赛、证科创模块化课程体系

集聚产业学院资源、教师科研项目、企业生产案例，立足纺织服装行业标准引领、技术引领和创新引领，强化以教促产、以产助学、科创融合，制定校企共施人才培养方案。遵循“校企共享、能力递进、持续发展”的建设逻辑，创建岗位技能不断线、科技创新不断线、思政教育不断线、劳动教育不断线的“基础+核心+拓展”的岗、课、赛、证科创模块化课程体系，促进学生纺织服装科学与技术思维、纺织服装科技创新与技术实践能力、专业素质与专业自信的养成，培养造就创新型复合型高素质技术技能纺织服装人才，适应与江南大学、常熟理工学院合作专升本、“3+2”办学等联合培养模式，拓宽学生的升学路径。

（四）利用现代科技信息技术+虚实结合实训基地，打造模块化教学资源库

遵循“系统化设计、项目化课程、颗粒化资源”的建设逻辑，利用现代科技信息技术+虚拟仿真实训基地+校内外实训基地，对接国际纺织服装行业通用职业资格标准，按照现代纺织服装企业的纺织服装产品设计、生产、贸易全产业链，与新四军纪念馆、江苏悦达纺织服装集团有限公司等合作共建课程思政案例库、产学研项目资源库、“1+X”证书技能培训资源库、创新创业大赛+技能大赛项目案例库、企业实践项目案例库和优秀毕业设计作品案例库等6个子库。通过资源库建设整合纺织服装专业的软硬件条件，提升专业课程内核建设水平，形成集思想政治教育、科技创新教育、技术技能教育于一体的专业教学资源库，提供丰富的富媒体微视频资源，实现优质项目化课程资源全覆盖，为教师教学能力大赛和学生技能大赛的实施提供保障。

（五）实施课堂革命，校企协同推进教材建设、教师团队和教学模式改革

按照校企共建共享原则，打造科技成果转化“中试车间”的课堂革命，将企业攻关的技术难点在课堂教学中实施，使教学成果化、产品作品化。遵循模块化、任务式思路，及时把纺织服装生产的新技术、新工艺、新标准引入教学实践，在教学研究中推进新形态数字化精品教材建设，确保与在线课程同步。强化“双导师制”教练型校企混编师资队伍建设，校企导师进行产学研合作，优势互补，落实教师企业轮转制度，践行解决一项生产问题，练熟练透一项技能，完成一项横向课题，转化一个产品（案例）的“四个一”任务。深入推进“互联网+”智慧教育，推行线上线下混合式教学模式。

二、研究方法

（一）案例研究法

通过具体的高职院校或课程案例，如广东职业技术学院“一体两翼”的现代职业教育体系建设机制，浙江工业职业技术学院纺织服装化学方向的“整理技术”课程的教学实践等，分析科教融汇在人才培养中的应用。

（二）经验总结法

本研究参考多所高职院校纺织服装专业人才培养体系的经验，借鉴高职院校相关专业科教融汇赋能人才培养模式，总结出高职院校教育资源与科技资源整合的途径，准确把握科教融汇与专业群人才培养体系的关系。

（三）定性与定量分析法

采用定量和定性的方法收集项目数据，并分析和评估项目进展；以定性法分析专业群培养体系的专业内涵建设质量提升程度；以定量法分析企业突破关键技术案例、资源建设数量、学生获奖数量、就业率较传统培养体系的提升程度，确保研究的全面性。

（四）行动研究法

为服务纺织服装产业转型升级，促进纺织服装专业人才培养提质升级，

本研究针对目前纺织服装专业群培养体系中存在的先进性、实践性和应用性不足问题，践行科教融汇赋能人才培养体系，丰富纺织服装专业建设内涵。

（五）文献研究法

系统梳理和回顾高职院校人才培养体系建设相关领域的研究文献，总结分析当前的研究趋势和存在的问题及未来发展趋势。本研究充分学习党的二十大报告中关于"科教融汇"新提法的内涵，充分利用中国知网等数字资源整理、分析，总结出教科融汇赋能职业教育方面研究的现状、趋势，进而提出研究方向和突破口。

参考文献

[1] 郭广军，李昱，黎梅，等．高等职业院校科教融汇协同育人的历史考察、现状调查与推进策略［J］．高等职业教育探索，2024，23（1）：30-36.

[2] 贺国庆．德国和美国大学发达史［M］．北京：人民教育出版社，1998.

[3] 吴洪富．美国研究型大学教学与科研关系的演化［J］．现代大学教育，2016（6）：52-59.

[4] 韩淑红．新时代高职院校思想政治教育的历史使命研究［J］．辽宁高职学报，2022，24（4）：36-40.

[5] 刘万英．高职思政课的教育坐标历史演变和发展走向［J］．高教论坛，2006（6）：18-21.

[6] 陶德庆．融党史教育于高职院校思政课教学实践研究［J］．安徽水利水电职业技术学院学报，2021，21（4）：64-67.

[7] 李蕊，戴士崴．校史文化资源融入高职院校思政教育的路径研究［J］．黄冈职业技术学院学报，2020，22（4）：60-62.

[8] 周晓飞．高职院校课程思政存在的问题与实施路径探析［J］．才智，2021（11）：56-58.

[9] 王前．浅谈课程思政在高职院校的实施途径［J］．安徽警官职业学院学报，2019，18（6）：105-107，123.

[10] 李书杰．高职院校课程思政建设的思考与实践：基于新时代高校思政教育的重要论述［J］．经济师，2022（2）：194-197，200.

[11] 谭隆晏．高职院校“课程思政”教育改革路径探析［J］．科学咨询，2021（14）：176-177.

[12] 马芸芸．高职教育学课程思政教学改革的研究与实践［J］．现代职业教育，2021（32）：150-151.

[13] 胡英芹，张竹筠．高职院校课程思政的定位、内容与实施路径［J］．职教通讯，2021，544（9）：22-27.

[14] 韩璐．借鉴澳大利亚 TAFE 经验，探索联合培养的高职校企合作新模式［J］．科技资讯，2015，13（11）：175.

[15] 吉莉．国外优质职业教育资源的引进、转化及应用［J］．烟台职业学院学报，2021，16（1）：31-33.

[16] 楼绯昊．高职院校技能人才国际合作交流探究［J］．中国商论，2019（11）：247-248.

[17] Wang Yiyuan，Yang Yanlu. Research on the “involution” mechanism of industry-education integration in China’s vocational education［J］. Frontiers in Educational Research，2023，6（30）：137-143.

[18] 崔岩．德国“双元制”职业教育发展趋势研究［J］．中国职业技术教育，2014（27）：71-74.

[19] 谢志远．高职院校培养新技术应用创业型创新人才的研究［J］．教育研究，2016，37（11）：107-112.

[20] 邓小龙，顾晓燕．“互联网+”背景下创新型复合技术技能型人才的培养［J］．实验技术与管理，2018，35（2）：17-20，29.

[21] 武兴睿．基于高职高专学生“创新创业”能力培养的人才培养模式创新研究［J］．中外企业家，2019，641（15）：200.

[22] 蒋波．创新技能型人才培养与高职院校教学改革［J］．职教论坛，2012（15）：31-33.

[23] 张晖，崔玲玲．高职创新型人才培养研究［J］．合作经济与科技，2020（24）：110-111.

[24] 黄国军．基于高职院校复合型创新型人才培养的思考［J］．产业与科技

论坛，2021，20（22）：180-181.

[25] 龚盛昭，郑丹阳，朱永闯，等．科教融汇视域下创新创业型技术技能人才培养模式的探索与实践：以广东轻工职业技术学院为例［J］．广东轻工职业技术学院学报，2024，23（1）：27-31.

[26] 曾红武．国内纺织服装职业教育发展型复合型创新型人才培养研究与实践［J］．化纤与纺织服装技术，2022（4）：216-218.

[27] 李文，高健．高职教育复合型技能人才培养途径实践研究［J］．科技视界，2021（5）：126-129.

[28] 白有林．高职院校高素质“双师型”师资队伍建设探索与实践：以武汉铁路职业技术学院为例［J］．武汉船舶职业技术学院学报，2023，22（2）：22-25.

[29] 洪銮辉，梁海霞．高职院校“双师型”教师认定制度及实施路径研究［J］．职业技术教育，2023，44（34）：46-52.

[30] 姜燕．高职“课程思政”与专业建设有效衔接实现路径的思考［J］．湖北工业职业技术学院学报，2020，33（1）：1-4.

[31] 张立峰，陈贵翠．中华优秀传统文化赋能纺织服装专业思政协同育人模式研究［J］．现代职业教育，2022（30）：127-129.

[32] 高源．产教融合背景下高职院校纺织服装专业人才培养路径研究［J］．商业经济，2022（12）：194-196.

[33] 范尧明．融入地方经济特色构建高职纺织专业人才培养模式［J］．江苏纺织 A 版，2011（5）：22-24.

[34] 张友杰．基于就业导向的高职纺织服装专业人才培养模式［J］．数字化用户，2018，24（34）：186.

[35] JIANG P F. On the construction of talent training mode in higher vocational education［J］. The Educational Review，USA，2023，7（9）：1326-1329.

[36] 荆友水．高职“2+1”人才培养模式的探讨与实践：以高职纺织品检验与贸易专业为例［J］．辽宁高职学报，2011，13（8）：12-13.

[37] 屈桂梅．金融危机下高职纺织专业人才培养对策［J］．纺织教育，2011，26（2）：111-113.

[38] Liu Lin，Ma Hongyang. Research and practice on creative talents training mode based on discipline competitions［J］. Higher Education Research. 2023，8（3）：109-114.

[39] 惠晶．产教融合视域下高职院校纺织服装专业创新型人才培养机制研究［J］．化纤与纺织服装技术，2023，52（8）：184-186.

[40] 王春模，王曙东，张林龙．基于职业特性的现代纺织技术专业分层分类人才培养模式的探索［J］．中国职业技术教育，2016（4）：46-49.

[41] 谢拙政，曾绍玮．职业教育科教融汇的实施价值、机制构建及实现路径［J］．职业技术教育，2023，44（22）：33-40.

[42] 公双雷，浅谈职业教育科教融汇的实施价值及实现路径［EB/OL］．光明网，2023-10-13，https://reader.gmw.cn/2023-10/13/content_36891240.htm.

[43] 徐玉成，王波，朱萍．科教融汇赋能职业教育人才培养的时代价值、现实困境及破解对策［J］．教育学术月刊，2023（9）：58-66.

[44] 郭慧，李峻峰．高职院校课程思政教学现状及改革建议［J］．职教论坛，2020，36（7）：163-167.

[45] 严交笄．高职院校专业课程思政的实现策略［J］．职业技术教育，2018，39（35）：69-71.

[46] 肖润花，李珊珊，陈文娟．高职院校推进“课程思政”的内涵与实施策略［J］．教育与职业，2021，998（22）：82-85.

[47] 胡培业，雷云．加强高职院校课程思政建设的有效进路［J］．学校党建与思想教育，2021（20）：63-65.

[48] 冯筱佳，邵二辉，谌夏．高职院校课程思政建设的价值及其实现［J］．学校党建与思想教育，2021（16）：51-53.

[49] 段浩伟，胡婷婷．新时代高职思政工作的价值功能与实现路径［J］．教育与职业，2021（4）：94-99.

[50] 杨连洪，汪文俊，眭姗姗．新时期高职院校思政教育现状以及提升对策［J］．教育现代化，2019，6（86）：313-314，325.

[51] 包兵兵．高职院校课程思政的独特性及其实践价值取向［J］．教育科学论坛，2022（9）：14-17.

[52] 韦笑笑．高职艺术设计（纺织服装装饰）专业产教融合人才培养研究［J］．西部皮革，2023，45（12）：19-21.

第二章　党建引领高水平专业群运行机制研究

第一节　党建引领专业群建设思路

现代纺织服装产业学院在高水平专业群建设中坚持党建引领，不断创新党建活动载体，积极探索党建工作与专业群建设有机结合和共同促进的路径。严格落实专业建设的主体责任，打造“党建工作、专业发展、人才培养”一体化融合发展特色。实施专业带头人与党支部书记“双带头人”培育工程，推进党建工作“主线贯通”引领专业群高质量发展。

坚持党建品牌与思政教育互融互通，加强三层管理，即党总支构建“大思政”、党支部筑牢“经纬线”、党员培育“匠心人”管理机制，强化全国党建工作样板支部、教育部“强国行”专项行动团队计划的“领头羊”作用。坚持党建工作与专业建设深度融合，坚持党建与教学科研双向融合，坚持党建引领与特色活动多点融合，坚持党建引领与文化育人深度融合，深刻践行党建引领专业群“五融五提升”发展，打造金色专业群长效运行机制，明确专业群发展的政治航向，通过高质量的党建引领高水平的专业群发展，进而实现为党育人、为国育才使命。

一、“五融五提升”党建引领专业内涵建设思路

立德树人是教育的根本任务，也是发展新时代中国特色社会主义教育事业的核心所在。将纺织服装专业群教育与思政教育高度融合，是培养学生践行社会主义核心价值观以及成长成才的重要举措。职业教育是传授知识、塑造灵魂、培养高素质技能人才的主阵地，坚持“以生为本”的教育理念，围绕国家、纺织服装行业对专业人才培养的新要求，以促进学生全面发展为目标，组建师资团队，构建育人平台，设计毕业要求、课程体系和教育内容，提出思想政治教育融入五金（金专、金教材、金师、金课、金地）建设、学生学习、

走进学生生活的育人路径，探索出“校园文化、产业文化、纺织服装文化、双创文化”相互融会贯通的课内课外全方位课程思政育人体系。

（一）党建工作引领思政教育，提升“立德树人”引领力

推进“三进”工作，以习近平新时代中国特色社会主义思想为指导，强化思想引领，规范学习制度，做到时间、内容、人员、效果“四落实”，扎实推进习近平新时代中国特色社会主义思想进教材、进课堂、进头脑，增强专业课程的育人功能，把学习成果不断转化为解决实际问题、推动实际工作的过硬本领和能力。党总支构建“大思政”形成品牌效应，将红色文化融入思想政治教育，汲取“真善美”的力量，通过思政课和新媒体新技术的结合，让高职院校党建和思政课教学“活起来”。党支部打造“经纬党旗红”党建品牌。推行“135”党建工作法，明确“立德树人”一条主线贯穿人才培养始终；加强教师团队建设，打造“专业能师、实践匠师、厚德良师”三师一体省级教学科研双优团队；推进五项融合——思政+美育、专业+产业、人才+项目、平台+服务、转型+新局，旨在打造一支“敢于奉献、追求卓越”的党员队伍，赋能高水平纺织服装专业群高质量发展。

专业群坚决维护政治核心，紧密结合习近平新时代中国特色社会主义思想、党的二十大精神专题教育活动，深刻领会党的二十大精神内涵，坚决维护习近平总书记核心地位。发挥党建思想政治经线引领主基调，筑牢专业群高质量内涵纬线，织密红色经纬党建工作责任网，推动基层党建工作层层递进、步步深入，发挥党支部党员建设高水平专业群的示范先锋作用。近五年在省级以上期刊发表党建与思政论文 29 篇、参与市厅级以上思政课题研究 15 项、建设江苏省高校思政示范课程 1 门、立项江苏省高校美育精品课程 1 门。2022 年第一党支部建成“全国党建工作样板支部”、2022 年党总支入选“首批全省党建工作标杆院系”培育建设单位、“砥砺前行弘扬真善美，勠力同心培育匠心人”党日活动获得 2019 年度江苏省委教育工委高校“最佳党日活动”优胜奖。

开展“四重四亮”工作。通过“重读入党志愿、重温入党誓词、重忆入党经历、重问入党初心，党员亮身份、服务亮承诺、工作亮标准、担当亮作为”活动，加强师德师风建设，打造师德优良、作风过硬的教师队伍。加强意识形态阵地管理，做大做强主流思想舆论，每月开展统一党日活动，组织“忆初心铸铁军魂，担使命育匠心人”“政治生日忆初心，奋发有为建新功”等主题党日活动，领导干部带头讲党课，深入学生班级宣讲党的二十大精神。

“党建引领‘大思政’，经纬绘就‘匠心人’”“三全育人”典型案例入选江苏省高等职业院校二级院系德育特色案例并在“学习强国”地方平台报道，党建创新做法两次获得学校党建工作创新奖一等奖，党总支连续五年获评学校“先进党总支”，两个党支部双获学校“优质党支部”“先进党支部”。

（二）党建工作引领教学工作，提升人才培养服务力

专业群的人才培养质量关乎纺织服装行业的健康、稳定、持续发展。纺织服装专业准确把握新时代课程思政要点，明确立德树人、德育为先的培养原则，将思想政治教育贯穿于纺织服装专业教育教学全过程，实现思政元素与专业教学相互促进、相互结合，培养德技双优的高素质技术技能人才。

树立专业课程思政教育观，明确纺织服装专业育人目标。纺织服装专业人才培养为实现育人和育才有机统一，将专业总体目标设计为知识目标、技能目标和育人目标（思想政治教育目标）。教师遵循课程思政教育观，融入传统纺织服装文化进行专业思政设计，将课程思政融入教育教学全过程。

贯彻课内和课外思政协同育人，构建专业课程思政教学体系。贯彻课内和课外思政协同育人，形成教育内容、培养目标和毕业要求之间的统一思政目标，凝聚合力，是研究的重点。课内构建“一课一思政、一课一技能、学做创合一”的课程体系：公共基础课程为思想道德修养、毛泽东思想和中国特色社会主义理论体系概论、英语、体育、形势与政策、大学生心理健康教育、军事理论、军事技能、劳动教育、大学生职业生涯规划、大学生就业创业指导、国家安全教育、信息技术、应用语文；专业基础课程为纺织服装导论、纺织服装材料检测、纺织服装商务英语、纺织服装机电一体化、纺织服装视觉审美设计、纺织服装信息技术、纺织服装企业管理等；专业核心课程为纺纱工艺设计与质量控制、机织工艺设计与质量控制、针织物设计、染整技术、新型面料来样分析；专业拓展课程为装饰织物设计、纺织服装试验与数据处理、纺织服装创新创业、产业用纺织品、智能纺织品开发与应用等。挖掘优质传统文化思政教学元素，融入课程内容，形成共享型平台金课。课外打造丰富多彩的“第二课堂”（校园文化活动、社团活动）和“第三课堂”（社会实践活动），协调好课内外、课程间的关系，培养学生“为人出彩、精益技能”的可持续发展能力，提高学生的思想品德、专业技能与创新能力，增强纺织服装专业的思政育人效果。

升级传统的纺织服装专业人才培养方案。在人才培养方案的设计和实施过程中，坚持以学生的知识目标、技能目标和育人目标为导向，在师资队伍、课

程体系、育人平台、教材建设等方面融入中华优秀传统文化，加强课程思政育人模式的构建，努力探索将课程思政内化于育人体系的育人模式并加以实践。推进“三教”改革。引导广大教师树立“躬耕教坛、强国有我”的志向和抱负，创建“专业教师、实践能师、厚德良师”“三师一体”专业团队，筑牢人才培养基石。以党建工作引领教学科研，以教学科研成效体现党建工作水平，以“四有教师”为标准，引领教育教学模式改革创新，推进人才培养质量提升。

整合单一的专业课师资队伍，融合思政课教师与专业教师。落实思政课教师与纺织服装专业课教师结对，参与融入中华优秀传统文化的思政人才培养方案修订，参加课程团队教研活动，在课程团队建设、教学资源建设、课程教学改革中落实课程思政要求。使专业课与思政课同向同行，形成协同效应，把立德树人作为教育的根本任务。提升师德素养，打造具有国际化视野的高水平、结构化思政教学团队。

重点挖掘专业教学中的中华优秀传统文化内涵，教学设计全面融入思政元素。为了实现润物细无声的教书育人效果，充分发挥育人和育才的协同效应，在纺织服装专业课程教学设计中，课程目标紧紧围绕知识传授与价值引领相结合，在教学内容、教学结构、教学模式等方面合理融入中华优秀传统文化，实现政治认同、国家意识、文化自信、人格养成等思想政治教育导向与纺织服装专业课程固有的知识诠释、技能传授有机融合。其中，如何挖掘专业教学中的中华优秀传统文化内涵，形成典型思政课程示范教学案例是研究的难点。

学院教师获批省人才项目 33 人次、省优秀教学和科技创新团队 5 个，获世界教育组织联合会职业标准开发项目 1 项，入选全国高校课程思政优秀劳动案例 1 项，教师获江苏省高等职业院校信息化教学大赛一等奖 2 项、全国职业院校信息化教学大赛二等奖 1 项，获批省科技项目 37 项，牵头项目获世界发明创新金奖、日内瓦国际发明展银奖、省科学技术奖，发表科学引文索引（SCI）论文 31 篇，授权发明专利 38 件。典型做法创“三师一体”团队，育“德技双优”人才在“中国江苏网”媒体报道。

（三）党建工作引领科研工作，提升“科教融汇”贯通力

习近平总书记指出，科技创新能够催生新产业、新模式、新动能，是发展新质生产力的核心要素。新质生产力对劳动者、劳动资料和劳动对象提出了新的要求，劳动者是首要的能动因素。高职院校深入开展创新创业教育、培养创新创业人才，是赋能新质生产力的现实之需、实践之要和时代必然。专业群积

极探索构建创新创业教育共生系统，多元化培养创新创业纺织服装复合人才，在发展新质生产力中展现更大作为。

成立产业学院，厚植新质生产力沃土。创新创业素质培养需要产业资源与校内资源的有效互动和整合，基于教育共生论，学校综合考量社会、技术、市场、文化等环境因素，积极探索依托产业学院构建教学共同体、文化共同体、产研共同体、发展共同体，形成“政校行企”多元主体参与的共生系统，通过纵向、横向和内外“三大联动”，全力打造校内、校校、校企“三个协同”，通过生产与教学、工作与学习、师傅与教师、学徒与学生、职业文化与校园文化等多元素的深度融合，构建“产业赋能教育、教育培养人才、人才支撑产业”的产教融合循环生态链，真正地促进产业链、教育链、创新链、人才链“四链”融合，实现科技创新与自立自强，推动新质生产力快速发展。

多年来，学校先后成立了悦达纺织服装产业学院、长虹智能制造产业学院、华为（盐城）现代产业学院等特色产业学院，牵头组建的盐城市纺织服装职教集团入选全国示范性职业教育集团培育单位，形成了“双主体办学、三层级对接、四融合育人”运行模式，“内循环驱动的悦达纺织服装产业学院双主体育人的研究与实践”荣获2021年江苏省职业教育类教学成果奖一等奖、2022年职业教育国家级教学成果奖二等奖，“悦达纺织服装产业学院产教深度融合双主体育人的研究与实践”获“纺织之光”2022年度中国纺织服装工业联合会纺织职业教育教学成果奖特等奖，“多方协同构建现代产业学院：零距离对接纺织服装产业发展需求，打造一体化协作命运共同体”案例成功入选教育部2021年产教融合校企合作典型案例。

加深产学合作，树立教育共生理念。学校与企业双向联动推进了知识创造和科技创新，促使创新创业教育不仅借助专业教育实现育人功能，更要通过加深产学合作，实现教育资源与社会需求的互动，发挥经济促进作用。通过树立以价值共创为目标的教育共生理念，多主体“协同”“联动”，形成多元、开放的学习环境和深厚广博的创新底蕴，打造“双创型人才”培养新机制、教育新生态。依托产业学院，深化了校企共育培养机制、利益共享双赢机制、过程共管监控机制、互聘共用管理机制、多元参与评价机制，推进校企协同创新发展，不断地探索提升大学生创新创业共生服务机制建设水平的工作方式和途径。“高职产业学院双主体办学培养高端纺织服装人才模式研究”获批江苏省科技计划项目软科学研究项目，出版《悦达纺织服装产业学院协同办学双主体育人的研究与探索》专著一部。

坚持反哺教学，构建教学共生模式。近年来，学生通过自主注册、搭建专利业务办理系统，将自己设计创作的创新作品申报外观设计、实用新型、发明等各类专利近500件，成功孵化了“仿生羽绒”“薄壁异型件精密智造”“纱线细度无损测试”“平面茧均匀成型设备”“小区衣站”“AI国潮服装设计”“纺织服装逆向工作室”等数十个项目，师生创新项目先后获得世界发明创新大赛金奖、日内瓦国际发明展银奖、“挑战杯”中国大学生创业计划竞赛特等奖、全国高职院校“发明杯”大学生专利创新大赛一等奖等奖项。

强化多方协同，推进校域共生实践。高校创新创业教育需要多方参与、内外共生并提供服务支撑的综合系统，要将高校、政府、企业三方优势和资源汇聚起来。一是着重构建高质量项目开发机制，促进企业项目走进课堂。“贴近企业做学问”，校企合作开展项目申报、课题研究、科技攻关、成果转化等，解决技术难题，为促进产学研成果的孵化提供基础，打通科研创新项目落地“最后一公里”，将企业真实科研项目转变为教学内容，切实提升学生的创新素养。例如，江苏省产学研合作项目立项数连续三年蝉联全省高职院校第一位。二是打造高水平科技创新团队，吸收能工巧匠走上讲台。全面聚优聚合“政行园企校”各方资源，联合国内外知名高校，设立产业教授、企业博士工作站，成为江苏省省级教学科研双优团队，支撑学校发展高层次人才需求，有效促进了创新发展需求，江苏省“双创”计划科技副总获批数位列全省高职院校第一位。三是拓展产业化科研实施路径，促进教师走进企业。依托国家职教联盟、行业产教融合共同体、区域开放性产教融合实践中心、市域产教联合体等平台，打通教师走进企业的通道，按照产业关键技术研发平台、技术产品化加速器和产品产业化基地三维一体化模式，形成了重点突出、覆盖全面的科技创新体系。学校建成江苏省高等职业院校工程技术研究开发中心，获批江苏省省级技术转移中心和江苏省发展改革委工程研究中心。

贴近企业做学问，企业产业教授、大国工匠和学校科技副总引擎助力“校企汇编、科教融汇”产学研建设，实施“对接一家企业、拜师一名师傅、挖掘一个项目、改造一门课程、编写一部教材”“五个一工程”。入选第二批示范性职业教育集团（联盟）培育单位，获江苏省校企合作示范组合1项，牵头制定国家教学标准1项。依托纺织行业职业技能鉴定指导中心、省产教深度融合集成平台、实训平台，积极开展技术改造、产品研发、科技攻关，促进科技创新成果孵化、转移到实际生产生活，打通科研落地“最后一公里”，成果转化近120项，省新产品112个，“五技”服务超2000万元。丰硕的教科研成果充分彰显了基层党组织的创造力、凝聚力和战斗力。我校获江苏省教育科学研究院2020年度教科研工作先进集体。相关做法获评国家级教学成果奖二等奖、省教学成果奖一等奖并形成专著1部，相关经验做法在《光明日报》《中国教育报》报道。

（四）党建工作引领文化育人，提升校园文化组织力

按照智能化纺织服装企业岗位需求制定培养方案，秉承文化育人的培养理念，从体制的创新演变为文化的传承创新，将文化育人理念贯彻到教育教学全过程，实施“校园文化、红色文化、双创文化、纺织服装文化”相互融会贯通的课内、课外全方位课程思政体系。

1. 注入校园文化

学生的可持续发展是高职校园文化建设的主要目的。首先，校园文化建设可以为学生的发展提供服务，学生的发展离不开校园文化建设。校园文化是学校育人的灵魂，也是人才培养的内核支撑，一个学校没有校园文化，是不能培养可持续的人才的，学校的高质量发展也不会有长足的后劲。其次，在校园文化建设中，要畅通渠道聆听学生的利益诉求。有的高职院校，为某一文化活动，让上千名学生停课排练，不顾学生利益，严重地侵害了学生受教育的权利，这样的“校园文化建设”不足取。最后，在校园文化建设中要以学生的发展成效为检验的标准。校园文化建设是否成功，主要看学生。学生毕业后，校园文化有没有在他们身上生根发芽，高职生活有没有成为学生不可忘却的回忆，有没有在岗位上实践了校园文化倡导的理念，才是校园文化的检验标准。

在纺织服装行业中，思政党建的重要性不容忽视。它不仅是引领行业发展的关键因素，更在纺织服装类高职院校校园文化建设中发挥着至关重要的作用。思政党建的核心地位体现在其对纺织服装行业发展的全面引领上，通过加强党的建设和思想文化引领工作，有效提升企业的凝聚力和竞争力，为行业的可持续发展注入强大动力。同时，思政党建对纺织服装企业文化建设的推动作用也十分显著，它有助于塑造积极向上的企业精神，培养员工的责任感和归属感，从而营造良好的工作氛围，促进企业长远发展。

纺织服装行业文化作为特定行业领域内的文化积淀，具有独特的历史传承与特色。这种文化不仅体现了纺织服装行业的传统工艺与技术，更蕴含了丰富的行业精神与价值观。在育人方面，纺织服装行业文化发挥着不可或缺的作用，它能够通过熏陶与感染，引导从业者树立正确的职业观，培养其专业精神与创新能力。同时，纺织服装行业文化的育人价值还体现在对行业人才的培养

与塑造上，通过文化的传承与创新，不断提升行业人才的整体素质与竞争力，为纺织服装行业的持续发展提供有力支撑。

在纺织服装行业中实施文化育人，关键在于加强纺织服装行业文化教育并提升员工文化素养。这需要搭建专门的纺织服装行业文化育人平台，不仅为员工提供丰富的文化学习资源，还要促进行业内部以及行业与外界的文化交流和传播。具体实施时，可以结合纺织服装行业的历史传统、技术创新、艺术美学等多方面内容，设计富有针对性的文化教育活动。同时，利用现代信息技术手段，如线上课程、互动论坛等，拓宽文化育人的途径和扩大影响力。这些措施可以有效提升纺织服装行业员工的文化素养，进一步推动行业文化繁荣与发展。

在探讨思政党建与纺织服装行业文化育人的融合策略时，我们首先要明确思政党建在这一过程中的引领作用。思政党建不仅为纺织服装行业文化育人提供了方向指引，还通过其深厚的理论基础和实践经验，为文化育人工作的深入开展提供了有力支撑。为了实现思政党建与纺织服装行业文化育人的有效协同，我们需要构建一套完善的协同机制。这套机制应当明确双方的责任与分工，确保思政党建的理论指导能够与纺织服装行业的实际需求紧密结合，从而在实践中不断丰富和提升文化育人的内涵与效果。通过这样的融合策略，我们可以更好地推动纺织服装行业文化育人工作创新开展，为行业培养出更多高素质、高技能人才。

在纺织服装行业文化育人过程中，深入挖掘与运用思政元素至关重要。首先，需要对纺织服装行业文化中的思政资源进行详尽分析与整合，这包括但不限于行业历史、工匠精神、创新实践等方面蕴含的思政价值。这些资源不仅传承了行业的优秀传统，也体现了时代发展的新要求。

进一步，思政元素在纺织服装行业文化育人中的具体应用表现在多个层面。例如，在纺织服装专业教育中，可以通过案例教学、实地考察等方式，将思政元素融入专业知识传授中，引导学生在学习专业技能的同时，培养正确的价值观和职业操守。此外，在校园文化建设中，可以通过举办纺织服装文化节、纺织服装技艺大赛等活动，让学生在参与中感受行业文化的魅力，领悟思政元素的内涵，从而实现文化育人与思政教育的有机融合。

2. 传承红色文化

纺织服装院校在红色文化育人方面扮演着重要角色，通过深入挖掘红色文化内涵，将其融入教育教学全过程，旨在培养具有坚定理想信念、爱国情怀和过硬专业技能的纺织服装人才。

红色文化是中国共产党领导人民在革命、建设、改革过程中形成的先进文化，蕴含着丰富的革命精神和优良传统。在纺织服装院校中，红色文化具体表现为纺织服装人的家国情怀、意志品格、职业追求和价值取向，如矢志报国、无私奉献的家国情怀，爱岗敬业、艰苦奋斗的意志品格，精益求精、追求卓越的职业追求，以及求真务实、开拓创新的价值取向。

红色文化育人的重要意义体现在：一是筑牢理想信念根基。红色文化有助于引导学生厚植爱国情怀，坚定理想信念，为实现中华民族伟大复兴的中国梦贡献青春力量。二是练就过硬专业本领。通过红色文化教育，激励学生发扬钻研精神，勤学苦练，提升专业技能和综合素质。三是恪守职业道德规范。红色文化蕴含着优良的职业道德规范，有助于引导学生树立良好的职业品质，弘扬和践行劳模精神、劳动精神、工匠精神。四是提升创新创造能力。鼓励学生在红色文化的熏陶下，培养创新意识和创造能力，勇攀科技高峰，服务国家高水平科技自立自强和现代化建设。

红色文化育人的具体路径体现在：首先，融入课堂教学。充分挖掘纺织服装工业发展历程中的红色元素，将其融入思政课和专业课教学，推动思政课程与课程思政同向同行。其次，加强社会实践。组织学生参观纺织服装企业、红色教育基地等，开展志愿服务和创新创业活动，让学生在实践中感受红色文化、锤炼意志品质。再次，丰富校园文化。建设红色纺织服装精神元素的校园地标，依托宣传橱窗、显示大屏等做好红色文化传播，开展形式多样的纺织服装文化活动。最后，利用网络平台。发挥好校园网、微信、微博等融媒体矩阵作用，推出红色文化微课、线上主题宣讲等，以优秀网络文化作品鼓舞人、激励人。

纺织服装学院党总支始终坚持“支部组织、专业建设、学生管理”一体化推进，建好用好309“党员之家”，建立党员领导干部和党员专业带头人直接联系培养师生入党积极分子制度，在高层次人才、优秀青年教师和优秀学生中发展党员。开展“铁军文化”创建活动，实施“铁军文化”进宿舍、进班级、进专业、进支部，创建铁军宿舍、铁军班级、铁军专业、铁军支部，传承红色基因，培育铁军匠才。挖掘课程思政元素，将廉政文化元素融入课程教学，专业群在育人过程中取得了显著成效，包括获得多项教学成果奖、出版规划教材、培养双师型教师队伍等。同时，紧密结合区域纺织服装产业优势，推动产教融合，提升学生的工程实践能力和创新能力。组织师生设计的廉洁文化作品，每年获得校级一、二等奖多项，连续三年获学校“廉洁文化活动周”优秀组织奖。服装专业1名毕业生当选为党的二十大代表，1名优秀毕业生党员荣获盱眙县“优秀共青团干部”。2名学生党员获得“江苏省大学生年度人物”入围奖，3名学生党员荣获江苏省“最美职校生标兵”，5名学生干部获评省“优秀学干”，3名学生获评省“三好学生”。

纺织服装院校应继续深入挖掘红色文化内涵，创新育人模式和方法，将红色文化贯穿于教育教学全过程，努力培养更多德智体美劳全面发展的社会主义建设者和接班人。同时，还应加强与其他院校和企业的交流合作，共同推动纺织服装行业的持续健康发展。

3. 融入职业文化

纺织行业作为我国传统的重要产业之一，在经济发展和民生保障中发挥着重要作用。随着时代的发展和市场竞争的加剧，纺织行业也面临着转型升级的挑战。在这个过程中，“双创（创新创业）文化”的培育和发展成为推动纺织行业创新发展的重要动力。

纺织行业双创文化的内涵主要体现为四个方面。首先，创新精神是鼓励纺织企业和从业者勇于探索新技术、新工艺、新材料，不断推出具有创新性的产品和服务，以满足市场需求和提高企业竞争力。其次，创业意识是培养纺织行业中的创业意识，鼓励有想法、有能力的人积极投身于纺织领域的创业活动，推动纺织行业的多元化发展。再次，开放合作是倡导纺织企业之间、纺织企业与高校、科研机构之间的开放合作，加强产学研用结合，共同推动纺织行业的技术创新和产业升级。最后是勇于冒险的精神，在纺织行业的创新创业过程中，需要有勇于冒险的精神，敢于尝试新的商业模式和发展路径，不怕失败，在不断尝试中寻找成功的机会。

纺织专业群融入双创文化可以推动产业升级。“双创”文化能够激发纺织企业的创新活力，推动技术进步和产品升级，提高纺织行业的整体竞争力，实现产业的转型升级。创新创业活动能够创造新的就业机会，尤其是在纺织行业的新兴领域和中小企业中，为社会提供更多的就业岗位，缓解就业压力。通过创新创业，纺织行业可以培育出一批具有高附加值、高成长性的新兴产业和企业，为经济发展注入新的动力。在激烈的市场竞争中，具有创新能力和创业精神的企业更容易脱颖而出，赢得市场份额和客户信任，增强企业的核心竞争力。

专业群在双创文化建设的实施过程中通过强化企业主体地位，与专业群合作的纺织企业充分发挥自身的创新主体作用，不断加大研发投入，加强人才培养，建立完善的创新机制，进而提高企业的创新能力和核心竞争力。专业群完善创新创业平台建设，进一步加强纺织产业园区、孵化器、众创空间等创新创业平台的建设，完善服务功能，提高服务水平，为企业和创业者提供更加优质的创新创业服务。加强产学研用合作，加强与纺织企业、科研机构的合作，建立产学研用协同创新机制，共同开展技术研发和成果转化，推动纺织行业的技术进步和产业升级。营造良好的创新创业氛围，通过举办各类创新创业活动、加强宣传推广等方式，营造鼓励创新、宽容失败的创新创业校园氛围，激发学生的创新创业热情。

专业群双创文化建设是推动纺织行业转型升级、实现高质量发展的重要举措。通过强化企业主体地位、完善创新创业平台建设、加强产学研用合作和营造良好的创新创业氛围等路径，能够培育和发展专业群的双创文化，激发纺织企业和从业者的创新活力和创业热情，推动纺织行业实现创新发展和可持续发展。

4. 弘扬传统纺织服装文化

按照智能化纺织服装企业岗位需求制定培养方案，秉承党建引领、文化育人的培养理念，将科技竞赛和科技创新活动融入培养过程，将纺织服装文化融入课内、课外全方位课程思政体系。在盐城地区，纺织服装文化历史悠久深厚，如新四军的军服文化，由于革命时期根据地经济落后，加上敌人破坏、自然灾害等原因，新四军被装标准很低。一般每人每年配发 2 套单衣、1 套棉衣、1 顶单军帽、2 双袜子、若干双鞋（多为草鞋，也有布鞋）、1 副绑腿，每年换发部分大衣和棉服。衣裤分为夏、冬两种，即单衣和棉衣，制式相同。服装专业教师在任课过程中要细致入微的融入这些具有鲜明党建特色的纺织服装文化元素，达到润物无声的教学效果。

盐城工业职业技术学院（以下简称盐城工职院）肇始于 1964 年，时为江苏省盐城专区纺织工业职业学校。这一历史背景奠定了学院与纺织服装行业的深厚渊源。2004 年，学院与盐城轻工业学校合并组建盐城纺织职业技术学院；2013 年，更名为盐城工业职业技术学院。这一系列的变革不仅增强了学院的办学实力，也使其在纺织服装领域的影响力更加深远。盐城工职院设有纺织服装学院等多个二级学院，其中纺织服装学院是重要组成部分，专注于现代纺织服装技术、服装设计与工艺等专业的教学与研究。课程设置涵盖了纺织服装材料、纺织服装工艺、服装设计等多个方面，旨在培养具有扎实专业知识和实践技能的高素质创新型纺织服装人才。

学院建有国家及省财政资助的实训基地7个，以及多个省级产教深度融合实训平台和技术研发中心。这些实训基地为学生提供了丰富的实践机会，使他们能够在真实的工作环境中学习和掌握纺织服装技术。学院通过举办纺织服装文化节、纺织服装技能大赛等校园文化活动，营造了浓厚的纺织服装文化氛围。这些活动不仅丰富了学生的课余生活，也激发了他们对纺织服装文化的热爱和认同。盐城工职院积极与纺织服装企业开展产学研合作，共同研发新技术、新产品，推动纺织服装行业的发展，还为企业提供技术培训和咨询服务，助力企业转型升级。盐城工职院高度重视学生的就业工作，通过与企业建立紧密的合作关系，为学生提供广阔的就业平台。毕业生就业率一直保持在较高水平，深受纺织服装企业的欢迎和好评。盐城工职院在传承纺织服装技艺的同时，也注重对纺织服装文化的挖掘和整理，通过开设相关课程、举办讲座和展览等形式，向学生传授纺织服装文化的精髓和内涵。盐城工职院鼓励师生积极参与纺织服装技术的创新和研究工作，推动纺织服装行业的技术进步和发展。在纺织服装新材料、新技术等方面的研究成果丰硕，为纺织服装行业的转型升级提供了有力支持。

综上所述，盐城工职院在纺织服装文化与高职院校的融合方面做出了积极的探索和努力。通过丰富的专业设置、优质的教学资源、紧密的校企合作以及深入的文化传承与创新工作，盐城工职院为地方经济和社会发展培养了大量高素质的技术技能人才，为纺织服装行业的繁荣和发展做出了重要贡献。

（五）党建工作引领特色项目，提升典型示范带动力

党建引领纺织服装特色项目体现在多个方面，这些项目不仅促进了纺织服装行业的技术创新和产业升级，还通过党建与业务的深度融合，推动了纺织服装类高职院校的可持续发展。

以“党建+科技创新”为抓手，设立党员先锋队、青年突击队，发挥示范带动和攻坚克难作用。党建引领纺织服装特色项目在多个层面和维度上发挥着重要作用。随着纺织服装行业的不断发展，科技创新和绿色发展已成为行业转型升级的重要方向。党建引领纺织服装特色项目，旨在通过加强党的领导和组织建设，推动纺织服装行业在科技创新、绿色发展、产业升级等方面取得新突破，提升行业整体竞争力和可持续发展能力。

1. 强化组织保障

组建纺织服装产业链党委或创新集群党委，覆盖产业链上下游企业和关键环节，形成上下联动、横向互动的党建服务网络。制定年度工作计划和重点项

目清单，明确工作目标和任务分工，确保项目有序推进。

2. 发挥龙头带动作用

依托龙头企业党组织平台优势，通过共享阵地载体、牵头举办主题党日、开展学习培训等方式，推动产业链上下游企业信息联通、产能对接、资源共享。鼓励龙头企业党组织负责人担任产业链党委副书记或相关职务，发挥示范引领作用。

3. 聚焦科技创新作用

实施科技创新驱动发展战略，围绕纺织服装行业关键技术和“卡脖子”问题开展联合攻关。通过设立党员先锋队、青年突击队等方式，发挥党员在科技创新中的示范带动作用。推动科技成果转化和产业化应用，提升行业整体技术水平。

4. 推动绿色发展

践行绿色发展理念，推动纺织服装行业向生态环保、低碳节能方向发展。加强生态环境治理和特色产业培育，推广绿色生产技术和环保材料应用。鼓励校企联合开展节能减排和循环利用项目，提高资源利用效率。

课内创建充满文化味的“平台课程共享+核心课程分立+拓展课程互选”岗、课、赛、证科创模块化课程体系，与常熟理工学院合作专接本、“3+2”，打通人才升学渠道，课外打造“第二课堂”（校园文化活动等）和“第三课堂”（社会实践活动），实现学生科技创新教育与思政教育工作协同育人。牵头制定国家教学标准、世界教育组织联合会—非洲国家（冈比亚）职业标准，打造国家精品在线开放课程 1 门、国家教学资源库课程建设 7 门、省级课程思政在线课程 2 门、省级高校美育精品课程 1 门、其他省级课程 12 门，获得“挑战杯”全国职业学校创新创效创业大赛特等奖，《技能鉴定项目》入选新华网新华思政优秀劳动案例。

党建引领纺织服装特色项目在推动纺织服装行业转型升级、提升行业竞争力等方面取得了显著成效。未来，随着党建工作的不断深入和纺织服装行业的持续发展，党建引领纺织服装特色项目将发挥更加重要的作用，为实现纺织服装行业高质量发展贡献更大力量。

二、高水平专业群的组群逻辑

（一）纺织服装高水平专业群的组群依据

1. 紧跟行业发展趋势

①对接产业链关键环节。纺织服装高水平专业群的建设紧密跟随“互联

网+”、中国制造2025等战略方向，对接纺织服装产业链中的纺织、染整、服装等关键生产环节。这种对接不仅确保了专业群与产业实际的紧密结合，还促进了教育链、人才链与产业链、创新链的有效衔接。

②融入新技术新专业。在专业群的构建中，融入工业机器人技术、电子商务等现代技术和管理类专业，形成了跨界融合的态势。这种融合不仅拓宽了纺织服装教育的边界，还提升了专业群的科技含量和市场适应性。

2. 服务产业升级需求

①满足高端化发展需求。纺织服装高水平专业群旨在培养能够胜任高端纺织服装产业的产品设计与开发、纺织服装智能制造、绿色染整生产等职业岗位工作的复合型人才。这种定位与纺织服装产业升级的需求高度契合，为行业提供了有力的人才支撑。

②促进产业绿色化发展。在专业设置中，注重绿色染整生产等环保技术的教育和培训，以推动纺织服装产业的绿色化转型。这有助于提升行业的可持续发展能力，降低对环境的负面影响。

3. 强化专业间的协同与共享

①实现资源共享。在专业群内部，通过师资、课程、设备等资源的共享和优化配置，提高了资源的利用效率。这种共享机制有助于形成专业间的协同效应，提升整体教育质量。

②促进产教融合。加强与行业企业的合作与交流，通过校企合作、产教融合等方式，实现教育与产业的深度融合。这有助于专业群及时了解行业动态和企业需求，调整和优化教育内容和方向。

4. 创新人才培养模式

①实施现代学徒制。在专业群建设中，可以借鉴现代学徒制等先进教育模式，加强学生的实践能力和职业素养培养。通过与企业深度合作，让学生在真实的工作环境中学习和成长，提高他们的职业竞争力和适应能力。

②推动“思政引领、一院两翼、六维融合、三阶递进”的人才培养模式。坚持思政引领，发挥思政引领的立德树人育人作用；依托现代纺织服装产业学院，在全国纺织服装示范职教联盟、国家级纺织服装实训平台的载体助力下，强化育人平台的实验实训教学资源建设；以产业链和岗位链为主线，将人才培养与产业发展紧密结合；通过课程体系、教学资源、师资队伍、实训基地、管理平台、评价体系六个维度的深度融合；基础知识积累、专业技能提升、职业综合能力形成三个阶段的递进式培养，实现学生职业素养和专业技能的全面

提升。

综上所述，纺织服装高水平专业群的组群逻辑是一个紧跟行业发展趋势、服务产业升级需求、强化专业间协同与共享、创新人才培养模式的综合体系。这种体系有助于提升纺织服装教育的整体水平和质量，为纺织服装产业的持续健康发展提供有力的人才保障和智力支持。

（二）纺织服装高水平专业群的组群逻辑

专业群对接岗位群，为服务高端纺织服装产业集群智能化（智改数转）转型升级要求，统筹推进科教融汇赋能职业教育发展，按照“艺—工—数—智”全产业链逻辑组群，目前，对现代纺织技术、服装与服饰设计、纺织品检验与贸易、智能制造技术四个专业进行组群。现代纺织技术专业对应纺织品设计与智能化生产岗位，服装与服饰设计对接服装数字化设计及智能加工岗位，纺织品检验与贸易对接产品质量安全认证和贸易岗位，智能制造技术服务纺织服装企业设备的智能升级改造、工艺与设备管理岗位。

（三）纺织服装高水平专业群的人才培养目标和定位

本专业群对接盐城区域纺织服装产业，人才培养面向江苏及长三角等东部沿海地区和“一带一路”沿线国家，服务纺织服装生产与贸易、纺织品检验、纺织服装机械等企业一线岗位需要。培养具备运用新材料与新工艺设计时尚纱线与面料、借助大数据技术制定并优化纺织服装工艺参数、开发纺织服装新技术和纺织服装原料与产品管理及检测等能力，从事纺织服装工艺设计、纺织服装生产管理等工作应有的专业知识、实践能力和创新创业意识的创新型高素质技术技能人才。毕业生首选纺织服装生产企业、纺织服装检测机构和纺织服装流通领域，初始岗位主要面向纺织服装工艺员、纺织服装打样工、纺织服装试验员、纺织服装跟单员等操作与经营岗位以及其他与纺织服装相近行业岗位。毕业生从业3~5年后能胜任相应的中层及以上职务工作。

1. 素质目标

随着纺织服装行业的快速发展与转型升级，对人才的需求日益多元化和高端化。为了培养适应未来纺织服装产业需求的高素质人才，制定了以下核心素质目标，旨在全面提升纺织服装专业人才的综合能力与竞争力。

（1）创新能力。鼓励学生在掌握基础知识与技能的基础上，勇于探索未知领域，培养创新思维和解决问题的能力。通过设立创新项目、参加学科竞赛、与企业合作研发等方式，激发学生的创造力和想象力，推动纺织服装技术的革新与产品设计的创新。

（2）职业道德与素养。遵守、履行道德准则和行为规范，强调纺织服装从业者应具备良好的职业道德和社会责任感，包括诚实守信、勤勉尽责、尊重知识产权、关注生态环境等。通过职业道德教育、企业文化建设等活动，引导学生树立正确的价值观，成为既有技术才华又有高尚品德的行业栋梁。培养学生崇德向善、诚实守信、尊重劳动、爱岗敬业、知行合一等品质。

（3）团队协作与沟通。在纺织服装产业链中，团队协作与沟通能力至关重要。因此，需注重培养学生的团队精神和沟通技巧，使他们能够在多元文化的团队中有效协作，共同完成任务。通过团队建设活动、模拟项目合作等方式，增强学生的协作意识和沟通能力。

（4）可持续发展意识。面对资源短缺和环境污染的严峻挑战，纺织服装行业需走可持续发展之路。因此，需培养学生树立绿色生产、节能减排、循环利用等可持续发展观念，关注纺织服装产业的环保问题和社会责任。通过案例分析、实地考察等方式，加深学生对可持续发展重要性的认识。

（5）终身学习能力。在知识爆炸的时代，终身学习已成为每个人的必修课。纺织服装专业人才应具备自主学习和持续学习能力，紧跟行业发展趋势，不断更新知识结构和技术储备。通过开设在线课程、组织学术交流等活动，为学生提供多样化的学习资源和学习平台。

（6）国际化视野。随着经济全球化的深入发展，纺织服装行业已融入国际竞争的大潮。因此，需培养学生的国际化视野和跨文化交流能力，使他们能够在国际舞台上展示中国纺织服装产业的实力和魅力。通过国际合作办学、参加国际展览和论坛等方式，拓宽学生的国际视野和人际交往圈。

综上所述，纺织服装人才培养的素质目标是一个全面而系统的体系，旨在通过多方面的培养和教育，使纺织服装专业人才成为专业知识与技能扎实、创新能力强、职业道德高尚、团队协作能力出众、具备可持续发展意识和终身学习能力以及拥有国际化视野的高素质人才。这将为纺织服装行业的持续健康发展提供有力的人才保障和智力支持。

2. 知识目标

在当今快速变化的纺织服装行业中，高职院校肩负着培养具备扎实理论基础与实践能力的高素质技术技能型人才的重要使命。针对纺织服装专业的特点与行业需求，我们制定了以下八大知识目标，旨在全面提升纺织服装专业学生的综合素质与就业竞争力。

（1）纺织服装基础理论与技能。学生需掌握纺织服装工程领域的基础理论知识，包括纤维科学、纱线制造、织物结构与性能、染整技术、服装生产技术等；掌握基本的纺织服装英语听说读写和纺织服装专业英语的应用；掌握智能纺织服装生产技术、染整技术、产业用纺织品生产技术和设备情况；熟悉纺织服装商品的种类、规格、性能、用途；掌握纺织服装材料及产品的检测和鉴别方法；掌握纱线、机织物、针织物、装饰织物设计方法；具有基本的数据分析处理能力；掌握纺织品外贸跟单技术；掌握现代纺织服装企业管理的基本原理与方法；掌握纺纱原理，能够根据客户需求及市场流行趋向进行环锭纱与各类新型纱线的设计，并能够进行智能纺纱设备上机准备及上机操作，实现纱线产品的顺利生产；掌握织前准备和机织织造的基本原理，能够根据客户需求及市场流行趋向进行机织面料的设计，并能够进行智能织造设备上机准备及上机操作，实现机织产品的顺利生产。同时，通过实践操作与技能训练，熟悉纺织服装机械设备的操作与维护，掌握纺织品生产流程与质量控制方法，为未来的职业生涯奠定坚实的基础。

（2）数学与自然科学基础。纺织服装专业的学习离不开数学与自然科学的支撑，尤其“3+2”的本科学生更需要掌握数理知识。学生应具备良好的数学基础，包括微积分、线性代数、概率论与数理统计等，以便解决纺织服装工程中的量化问题。此外，还需了解物理、化学等自然科学知识，理解纺织服装材料的基本性质与变化规律，为技术创新与产品研发提供理论支持。

（3）工程设计与项目管理。纺织服装专业人才需具备工程设计与项目管理能力。通过学习纺织服装产品设计、工艺规划、生产线布局与优化等课程，学生能够掌握纺织服装工程设计的基本原理与方法。同时，了解项目管理的基本流程与技巧，包括时间管理、成本管理、质量管理等，为未来的工程实践与管理岗位做好准备。

（4）市场调研与贸易知识。纺织服装行业与市场紧密相连，学生需具备市场调研与贸易知识。通过学习市场营销、国际贸易、纺织服装市场分析等课程，学生能够了解国内外纺织服装市场的动态与趋势，掌握市场调研的方法与技巧，以及纺织服装进出口贸易的基本流程与规则，为企业的市场开拓与产品销售提供支持。

（5）现代工具与技术应用。随着信息技术的飞速发展，现代工具与技术在纺织服装行业的应用日益广泛，应掌握计算机操作系统和常用应用软件知识。学生需掌握计算机辅助设计（CAD）、计算机辅助制造（CAM）、纺织服装管理软件等现代工具的使用方法，以及纺织服装新材料、新技术、新工艺的应用与发展趋势。通过实践操作与案例分析，提升学生的技术应用能力与创新能力。

综上所述，高职院校纺织服装专业人才培养的知识目标是一个全面而系统的体系，涵盖了纺织服装基础理论与技能、数学与自然科学基础、工程设计与项目管理、市场调研与贸易知识、现代工具与技术应用、职业道德与规范、可持续发展与环境保护以及团队合作与沟通能力等多个方面。这些目标的实现有助于培养出一批既具备扎实的专业知识与技能，又具备良好的综合素质的纺织服装专业人才，为纺织服装行业的持续健康发展注入新的活力。

3. 能力目标

随着纺织行业的快速发展与技术的不断革新，高等职业教育在培养纺织领域专业人才方面扮演着至关重要的角色。为了确保学生毕业后能够迅速适应行业需求，具备竞争力，主要从以下几个方面培养学生的职业能力。

（1）值车。能够按照操作规范和安全要求，对纺纱、机织、针织生产中的各类典型设备进行基本的值车操作，对设备生产运转中的各类问题有所认识，具备一定的发现问题和解决问题的能力。

（2）信息处理。能够对各类专业试验数据进行合理的分析；掌握纺织行业信息化管理的基本知识与技能，包括纺织企业资源计划（ERP）系统操作、大数据分析、智能化设备应用等，提升企业的管理效率与竞争力。开设信息化管理相关课程，讲解信息化管理的基本理论与应用案例；建立信息化管理实训室，提供实际操作平台；与企业合作开展信息化管理项目，让学生在实践中学习并掌握信息化管理技能。

（3）工艺设计技术。能够进行纺纱工艺设计、机织工艺设计，具备对纱线、面料进行来样分析、仿样设计与创新设计的专业能力。

（4）设备技术。对智能纺纱、机织和针织设备能够进行基本的维护与保养，具备发现基本的设备运转问题并提出解决方案的能力。

（5）产品开发。能够进行各类常规纱线、机织面料、针织面料的设计与开发，并具备在此基础上进行新材料、新组织、新功能纺织服装产品的开发能力。

（6）产品质量控制。能够对纺织服装半成品及成品的质量进行合理监控与评价，并根据半成品及成品的质量问题对生产过程进行分析及问题诊断，提出产品质量的改进及预防保障方案。

（7）创新设计。激发学生的创新思维，培养其纺织产品设计与开发能力，包括面料设计、服装款式设计、图案创作等，以满足市场多元化、个性化需求。开设设计基础课程，教授设计原理与技法；鼓励学生参与设计竞赛、校企合作项目等，让学生在实践中锻炼设计思维与创新能力；提供设计软件与资源支持，促进学生自主学习与创作。

综上所述，纺织高职人才培养目标旨在通过全面而系统的教育与培训活动，提升学生的专业技能、质量控制能力、设备操作能力、创新设计能力、信息化管理能力、团队协作能力以及职业素养等多个方面的综合能力与素质，为纺织行业的可持续发展提供有力的人才支撑。

第二节　党建引领“一院两翼”高水平专业群的建设机制

纺织服装学院主动适应学校“双高计划”建设任务新形势，结合党支部建在专业群的实际，按照艺—工—数—智组群逻辑，专业群由现代纺织技术、纺织品检验与贸易、服装与服饰设计、智能制造技术专业组成。基于全国样板党支部、教育部双带头人专项行动团队的党建引领作用，将党支部建在专业群。专业群发挥“一院两翼”的资源优势，“一院”是指基于现代纺织服装产业学院视角；“两翼”中的一翼是外部环境助力，融合全国示范职教联盟、市域产教联合体，另一翼是内部环境支撑，融合国家级纺织服装实训基地、省级技术转移中心、生物质工程中心等平台项目。以“一院两翼”为高水平专业群的建设载体，党总支构建“大思政”、党支部筑牢“经纬线”、党员培育“匠心人”，党支部打造“经纬党旗红”党建品牌，是确保党的路线方针政策在学校基层得到全面贯彻落实的关键。这要求专业群团队党员在党的建设中必须发挥主体作用，主动担当，积极作为。

一、立德树人运行机制

（一）党建引领“大思政”育人体系，形成“三全育人”格局

党建引领“大思政”纺织专业群育人体系，是一种将党的建设与学生思想政治教育紧密结合，以纺织专业群为特色，构建全方位、多层次、立体化的育人模式的创新实践。建立全员、全程、全方位“三全育人”工作机制，完善和创新党支部组织形式，实现全员育人。党建引领在“大思政”纺织专业群育人体系中发挥着核心作用，通过党的思想建设，引导学生树立正确的世界观、人生观、价值观，坚定理想信念，坚定“四个自信”，做到“两个维护”。

加强基层党支部建设，确保党的教育方针和政策在纺织专业群中得到全面贯彻落实，为育人工作提供坚强的组织保障。建立健全各项规章制度，明确责任分工，确保育人工作有章可循、有据可依，形成长效育人机制。

1. 育人体系的教育目标

“大思政”教育旨在培养学生的综合素质和创新能力，注重学生的思想道德教育，引导学生树立正确的道德观念和行为准则，成为德智体美劳全面发展的社会主义建设者和接班人。将思想政治教育与纺织专业教育深度融合，实现知识传授、能力培养与价值引领的有机统一。强化实践教学环节，通过校企合作、产学研结合等方式，提高学生的实践能力和创新能力。

2. 纺织专业群的特色育人模式

结合纺织专业群的特色，在纺织专业课程中融入思政元素，如纺织历史、纺织文化、纺织科技创新等，增强学生的专业认同感和文化自信。依托纺织行业和企业资源，建立校外实习基地和产学研合作平台，组织学生参与实际生产项目和科研活动，提高学生的实践能力和解决问题的能力。鼓励学生参与创新创业活动，提供创业指导和资金支持，培养学生的创新精神和创业能力。同时，结合纺织行业的特点和发展趋势，引导学生关注行业前沿和市场需求，开发具有创新性和实用性的纺织产品。通过举办纺织文化节、纺织艺术展等活动，弘扬纺织文化，传承纺织技艺，培养学生的文化素养和审美情趣。同时，加强纺织行业的社会责任感教育，引导学生关注社会热点问题，积极参与公益事业。

3. “大思政”育人体系的实施路径

为了确保党建引领“大思政”纺织专业群育人体系的顺利实施，成立由纺织服装学院党总支领导、教学院长和纺织专业群骨干教师组成的领导小组，负责统筹协调“三全育人”工作的各项制度和实施保障。建立健全各项育人模式的规章制度和人才培养质量考核评价机制，确保育人工作有章可循、有据可依。同时，加强对育人成效的监督和检查，加强过程管理，确保各项措施有效贯彻落实。加强专业思政和课程思政建设，组建由专业课教师、思政课教师和企业兼职教师参与的校企混编师资队伍，对思政课教师和纺织专业课教师要开展常态化培训，促使其深入交流，提高思政教育教学水平和综合素质。同时，积极引进大国工匠、产业教授、博士后等优秀人才，充实教师队伍。加大对育人工作的投入力度，尤其是国家级质量工程项目、省级质量工程项目的大力投入，提供必要的经费支持和物质保障。同时，加强与地方行业企业的合作与交流，争取更多的资源和支持。

总之，党建引领“大思政”纺织专业群育人体系是一种创新性的育人模式，它有助于培养学生的综合素质和创新能力，通过实施党建引领“大思政”纺织专业群育人体系，为纺织行业的发展输送更多优秀的人才。

（二）严格落实专业群建设的主体责任，落实校长联系基层“五个一工程”

严格落实专业群所在党支部的主体责任，落实校长联系基层“五个一工程”，是加强专业群党建工作、提高专业群育人体系和育人能力先进性的重要举措。

1. 严格落实专业群建设的主体责任

加强理论学习，提高政治站位。专业群所在党支部要定期组织党员学习党的理论、路线、方针、政策和决策部署，确保党员思想上同党中央保持高度一致。通过学习，提高党员的政治觉悟和理论素养，为党支部建设提供坚实的思想基础。

明确责任分工，强化责任担当。实施专业带头人与党支部书记“双带头人”工程，“双带头人”要切实履行第一责任人职责，对专业群工作全面负责。同时，要明确专业群所在党支部委员和其他党员的责任分工，确保各项工作有人抓、有人管、有人负责。通过责任制的落实，强化党员的责任感和使命感。

加强组织建设，提升组织力。党支部要建立健全组织生活制度，如“三会一课”、组织生活会、民主评议党员等，确保组织生活正常化、规范化。同时，要加强党员队伍建设，注重培养和发展优秀青年教师入党，为党支部注入新鲜血液。通过加强组织建设，提升党支部的凝聚力和战斗力。

密切联系群众，发挥桥梁纽带作用。党支部要深入师生群众，了解他们的思想动态和实际需求，积极为他们排忧解难，每月至少谈心谈话 1 次，遇有特殊情况做到随时谈话。开展教师党员结对帮扶联系学生“四个一”活动，即党员教师联系党支部所在专业学生，开展联系一名学生、对接一个宿舍、指导一项技能、指导一项就业创业活动，助力学生成长。同时，要广泛听取师生意见，及时反馈给学院管理层，为学院决策提供参考。通过密切联系群众，发挥专业群所在党支部的桥梁纽带作用，促进学院和谐稳定发展。

强化监督执纪，营造风清气正氛围。专业群所在党支部要加强对党员的监督和管理，在专业群质量工程项目建设中严于律己，确保党员严格遵守党的纪律，履行党员义务。对于违反纪律的行为，要坚决予以查处和纠正。同时，要加强党风廉政建设，营造风清气正的政治生态和育人环境。

2. 落实校长联系基层“五个一工程”

“五个一工程”通常指的是校长在联系基层过程中需要完成的五项具体任务或活动。通过开展校领导联系基层“五个一”活动，努力实现“三深入三解决”。即每一位校领导联系一个专业团队或教研室、一个党支部、一个班级、一个学生宿舍、一个民主党派成员或党外高级知识分子，深入教师工作圈、解决教师发展之困，深入学生学习圈、解决学生成长之惑，深入师生生活圈、解决师生生活之难。全体校领导要带着任务下基层，深入开展调查研究，当好校情民意的调查人、事业发展的引领者、基层组织建设的指导员；要带着情感解民忧，了解广大师生的所思所想所盼，尽心尽力帮助办实事、做好事、解难事；要带着服务促发展，指导联系点有效开展工作，构建服务师生长效机制，不断提高基层对学校工作的满意度。

每半年至少一次深入专业群教研室进行调研。校长定期深入教学一线、专业团队、教研室等基层单位进行调研，了解教师的工作、教学和生活情况，听取他们的意见和建议。校长对接现代纺织技术专业，专业负责人主要围绕专业的质量工程、教育教学、人才培养、课程特色等方面进行汇报。专业持续进行省高水平专业群建设，推动教育教学改革，共同打造技能加油站。融入思政教育、劳动教育、创新教育，实施“三教”改革，打造以新技能证书为特色的技能加油站，融入“1+X”证书课程，形成高职教育“课堂革命”典型案例。深化教学团队建设，引进高水平专业技能人才。在院领导的带领下，申报校级优秀教学团队，打造符合省级教学创新团队标准的、教授领衔的高水平师资工作站。强化平台服务能力，建设智能纺织实训基地。按照智能连续化纺织产业的发展，建设虚拟仿真实训平台，升级纺织服装实训基地，建设智能纺织实训基地。强化技能工匠精神，积极参加师生技能大赛。教师带领现代纺织技术专业学生备战全国面料检测大赛、外贸跟单大赛和中国国际大学生创新大赛，组织学生参加“发明杯”大学生专利创新大赛，积极筹备校级的教案评比、说课大赛等。

每季度至少参与一次纺织服装学院第一党支部活动。听取党支部和党员对学校工作的意见和建议，关心基层党支部建设，每学期至少参加一次基层党支部活动，每年至少为基层党组织上一次党课，推动“两学一做”学习教育常态化、制度化。校长应定期参与党支部活动，针对党支部反映的突出问题或困难及党支部建设过程中存在的问题，进行现场指导，制定切实可行的解决方案并推动实施，确保问题得到有效解决。每年至少上一次党课或思政课，校长应积极参与学校的思想政治教育工作，为师生员工上党课或思政课，传播党的声音和正能量。纺织专业群中的纺织、纺贸、服装专业所在的第一党支部结合专业特长，围绕学院重点工作，实施党支部特色项目“创建三师一体一流品牌团队，聚力德技双优纺织专业人才”，通过“全国党建工作样板支部”培育创建单位验收，以“七个有力”工作目标与党支部特色项目充分融合，党支部特色项目与业务工作齐抓共融。

联系一个班级。每学期至少参加一次班会，及时掌握学生的思想状况，提出改进学生思想政治教育工作的指导意见；每学期听课不少于三次，充分了解教学实际情况，听课后将相关意见和建议及时反馈给二级学院，促进工作整改。校长走入纺织服装学院实训课堂，与任课教师、学生进行交流，对教师的教学态度进行指导，要求教师充分利用信息化教学设备，不断提升数字化教学素养和教学创新能力，提高课堂教学质量。还要关注学生课堂学习情况与平时学习情况，提醒学生在参加实训课时遵守实验室管理规定，在实践中增长才干、练就本领，提升专业技能和综合能力。

联系一个学生宿舍。每月至少走访一次学生宿舍，了解宿舍管理部门服务情况、学生学习生活情况，直接听取学生的意见和建议，及时了解学生关心的热点和难点问题；指导学生宿舍文化建设，引导学生争做文明学生、创建文明宿舍。校长走访了纺织 2331 班 1202 宿舍，与学生亲切交流，详细了解学生在专业学习、生活适应、就业规划等方面的情况与需求，叮嘱大家要树立安全意识，做自己的安全“守门人”；强化担当意识，做自己的生涯“规划师”；增强奋斗意识，做自己的人生“掌舵者”。

联系一个民主党派成员或党外高级知识分子。与民主党派成员和党外高级知识分子结对交友，通过多种形式听取他们关于学校改革、建设和发展的意见和建议，加强与联系交友对象的沟通、交流，帮助他们解决困难和问题。校长与纺织服装学院民主党派成员就实验实训管理、引培博士人才待遇、学生在校学习情况等方面进行了深入交流，还对无党派教师的工作、生活及其职业规划表达关心。校长提出九三学社聚集了一批中、高级知识分子，是盐城工职院省高水平高职学校建设新征程上的重要力量，希望在学校党委领导下，始终坚持与全体教师在思想上同心同德、目标上同心同向、行动上同心同行，多献宝贵之策、多尽推动之力，支持专业群各项工作开展。

开展校领导联系基层“五个一”活动，加强了学校领导与师生员工的直接联系，拓展了联系师生的途径，畅通了师生表达意愿的渠道。校长联系基层“五个一”活动反映了学校对党建、教学、科研、学生工作的支持和关心，为专业群师生在教学做实、学习做实、服务做实方面提出意见，把学校的关怀转化为行动力量，主动担当、做好服务，促进学校事业高质量发展。

（三）构建“经纬党旗红”党建品牌，发挥样板支部的示范引领作用

构建党建品牌并发挥“全国党建工作样板支部”的示范引领作用，是加强基层党组织建设、提升党建工作质量的重要举措。纺织服装学院构建了“经纬党旗红”的党组织品牌标志，在各类宣传材料、活动现场等场合统一使用品牌标志和标语，增强品牌的识别度。建设“双带头人”书记工作室，提高品牌的知名度和影响力。

通过传统媒体和新媒体平台（如网站、微信公众号、微博、抖音等）进行品牌宣传推广，扩大品牌的社会影响力。结合师生党员多样化学习需求，开发制作形象直观、丰富多样的学习资源，及时推送学习内容。在全国高校思想政治工作网、江苏教育网等媒体平台报道党支部的相关做法，发挥样板支部的示范引领作用，通过展示其先进经验和成果，激励其他党组织积极学习和借鉴。

构建“经纬党旗红”党建品牌，提升凝心铸魂引领力。党支部紧密结合习近平新时代中国特色社会主义思想、党的二十大精神专题教育活动，深刻领会党的二十大精神内涵，坚决维护习近平总书记的核心地位。第一党支部发挥党建思想政治经线引领主基调，筑牢专业群高质量内涵纬线，织密红色经纬党建工作责任网，推动基层党建工作层层递进、步步深入，努力把第一党支部建设成为纺织服装学院坚强的战斗堡垒。

严格执行“三会一课”制度，强化思想引领，构建党员日常学习教育的长效机制，通过思政课和新媒体新技术的结合，让高校党建和思政课教学“活起来”。开展“四重四亮”及“师德师风建设月”活动，通过党员重温入党誓词、重读入党申请书、教师重温入职誓词等活动，打造师德优良、作风过硬的教师队伍。组织师生学习先进人物事迹，弘扬伟大的抗疫精神，党旗飘扬述担当；组织“百年风华忆初心，谋经划纬展风采”“政治生日忆初心，奋发有为建新功”等主题党日活动，师生言初心、话使命、感党恩。教师党员钱飞勇救落水女子，被公安机关授予“见义勇为先进个人”，该先进事迹先后在《现代快报》等多家媒体报道。他将“见义勇为”奖励资金捐赠给学院“经

纬”基金会，用以奖励参加暑期疫情防控工作的17位志愿者学生。他先后十次无偿献血2500毫升，为社会传递了正能量。

开展“坚持立德树人初心，开展结对帮扶活动”党支部书记创建项目，落实专业团队建设和人才培养中心工作，建设“‘三创五融合’红色引擎推进双带头人书记工作室”书记项目。党支部党员积极作为，勇担使命，教科研工作成效显著。党支部所在团队立项建设江苏高校“青蓝工程”优秀教学团队、江苏省高校优秀科技创新团队，建设国家精品在线开放课程1门，省教改重中之重项目1项。师生申请专利50件，授权专利转化推广达30件，参加思政课题研究9项。服务多家盐城地区企业，攻克多项技术难题，与天虹纺织集团合作开设越南留学生“订单班”培养，充分彰显基层党组织的创造力、凝聚力和战斗力。

通过以上措施，构建了具有鲜明特色和广泛影响力的党建品牌并发挥样板支部的示范引领作用，为基层党组织的建设和发展注入新的活力和动力。

（四）推行“135”党建工作法，明确立德树人主线，打造坚强的战斗堡垒

根据党组织的特点和实际情况，构建一套科学、系统、实用的党建工作法体系，明确党建工作的目标、任务、方法和步骤。建立健全党建工作制度，如党员学习教育制度、组织生活会制度、民主评议党员制度等，确保党建工作有法可依、有章可循。积极探索和创新党建工作方法，如利用互联网平台开展在线学习、远程会议等，提高党建工作的便捷性和实效性。同时，注重发挥党员的主体作用，鼓励党员积极参与党建活动，形成上下联动、齐抓共管的良好局面。定期对党建工作进行考核评估，及时发现和解决问题，总结经验教训，推动党建工作不断迈上新台阶。

推行“135”党建工作法，即明确一条主线：立德树人；加强团队建设：专业能师、实践匠师、厚德良师，三师一体；推进五项融合：思政+美育、专业+产业、人才+项目、平台+服务、转型+新局，旨在打造一支“敢于奉献、追求卓越”的党员队伍，赋能纺织服装学院高质量发展。

明确立德树人、德育为先的培养原则，准确把握新时代专业思政、课程思政要点，结合落实党支部党员对接学生“四个一”工程，将思想政治教育贯穿于纺织专业群教育教学全过程，构建科学、完善的纺织专业群课程思政育人体系，融入纺织文化，实现思政元素与专业教学相互促进、相互结合。在专业课程中融入思政教育元素，实现知识传授与价值引领有机结合。通过案例教

学、项目合作等方式，引导学生将所学知识与社会实践相结合，培养学生的社会责任感、创新精神和实践能力。

通过明确立德树人主线和打造坚强的战斗堡垒，可以进一步提升基层党组织的组织力、凝聚力和战斗力，为培养德智体美劳全面发展的社会主义建设者和接班人提供坚强的政治保证和组织保障。

二、“一院两翼”高水平专业群的运行机制

（一）以产业学院为载体，创新高水平专业群运行机制

产业学院高水平纺织专业群的运行机制是一个涉及多个层面的复杂系统，旨在促进纺织教育与产业发展深度融合，提升人才培养质量和服务产业能力。

1. 专业群组建与优化

（1）产业学院建设思路。坚持产业育人和育产业人结合、思政课程和课程思政结合、创新课程和课程创新结合，强化立德树人，秉持纺织产业链对接专业链原则，携手地方龙头企业——江苏悦达纺织集团有限公司、江苏双山集团股份有限公司、江苏亨威实业集团有限公司和盐城市纺织工业协会、盐城市政府建设现代纺织服装产业学院，坚持以人为本的价值航标，发挥区域联动的空间优势，树立文化自信的精神支柱，挖掘要素流动的活力源泉，成立理事会、专业建设指导委员会等决策部门，携手参与企业创新产教融合机制并推进校企混编师资队伍建设，确定人才培养模式和推进专业群建设，落实课程资源建设、创新创业教育、技术创新与转化、社会培训服务等具体工作，有序推进产业学院建设。

（2）专业选择与整合。根据区域纺织产业的需求和发展趋势，从现有纺织相关专业中进行遴选，整合、调整、优化形成高水平纺织专业群。强调专业之间的联动互补和资源共享，确保专业群内各专业能够形成合力，共同服务产业发展。

（3）优化专业群调整机制。成立由行业专家、高校学者、企业代表、政府官员等组成的专业建设指导委员会（以下简称专指委），确保多元化视角和专业性。制定专指委章程和工作规则，细化组织章程、工作流程、成员选举机制、职责分配、会议召开规则、决策程序等；建立有效的内部和外部沟通渠道，内部沟通确保委员会成员之间的信息共享和协调工作，外部沟通确保及时有效地与政府部门、行业协会、教育机构、媒体和公众进行交流互动，听取各

界对学校人才培养的反馈；每年进行行业调研、制定行业标准、发布研究报告；定期对专业建设工作进行监督和评估，确保其按照章程和工作计划正确运行，建立专业群动态调整机制，根据产业发展趋势和人才培养效果对专业群进行适时调整。引入竞争机制，遴选替换不符合专业群发展方向或无法满足产业需求的专业，确保专业群的先进性和实用性。

2. 校企合作与产教融合、科教融汇

（1）产业学院平台建设。以产业学院为平台，整合政府、学校、企业等多方资源，共同建设高水平纺织专业群。产业学院作为专业群建设的核心载体，负责统筹协调各方资源，推动产教融合、科教融汇。

（2）合作模式创新。校企双方共同制定人才培养方案，确保人才培养目标与产业发展需求高度契合。实施“双师型”教师队伍建设，引进企业专家和技术人才参与教学，同时鼓励学校教师到企业挂职锻炼，提升教学质量和实践能力。共建实训基地、研发中心等平台，为学生提供真实的实践环境和创新机会，同时促进科研成果转化和应用。

3. 课程体系与教学模式

（1）课程体系构建。构建跨学科课程体系，打破传统纺织专业的界限，引入新材料、新技术、新工艺等相关内容，培养学生的综合素质和创新能力。根据产业链和岗位群的需求，设置专业核心课程和选修课程，确保课程内容的时效性和前瞻性。

（2）教学模式创新。实施项目导向、任务驱动的教学模式，让学生在实践中学习和掌握纺织知识和技能。推广线上线下混合式教学、翻转课堂等新型教学模式，提高教学效果和学生的学习兴趣。

4. 资源配置与共享

（1）资源共享平台。建立资源共享平台，实现教学资源、实验设备、科研成果等资源的共享和优化配置。通过平台的建设和运行，降低专业群建设和运行成本，提高资源利用效率。

（2）经费投入与管理。确保对产业学院和高水平纺织专业群的经费投入充足，支持其建设和运行。加强经费管理，确保资金使用的透明度和效益，提高资金使用的效率和效果。

5. 评价、反馈与改进机制

（1）评价机制。建立科学的评价机制，对产业学院和高水平纺织专业群的建设成效进行定期评估。评估内容涵盖教学质量、学生就业质量、科研成果等多个方面，确保评价的全面性和客观性。

（2）反馈与改进机制。根据评价结果及时反馈问题并采取措施进行改进。鼓励师生参与评价过程，收集多方意见和建议，为持续改进提供有力支撑。

总之，基于产业学院的高水平纺织专业群的运行机制是一个涉及多个层面的复杂系统，需要政府、学校、企业等多方共同努力和协作。通过不断完善和优化这一机制，可以推动纺织教育与产业发展深度融合，为纺织产业的转型升级和高质量发展提供有力的人才支撑和智力支持。

（二）组建全国示范职教联盟，打造产教研协同体

全国纺织示范职教联盟是盐城地区纺织职业教育与产业发展深度融合的重要平台，旨在通过整合资源、协同创新，推动纺织职业教育与产业发展紧密对接。盐城纺织示范职教联盟由盐城地区具有纺织职业教育特色的职业院校、行业协会、科研机构及纺织企业共同发起成立。该联盟在盐城市政府和相关部门的支持下，依托盐城纺织产业的深厚基础和广阔前景，致力于构建纺织职业教育与产业发展相互促进、共同发展的良好生态。

1. 联盟目标与意义

盐城纺织示范职教联盟产教研协同体的建立，旨在通过整合资源、协同创新，推动盐城纺织职业教育与产业发展深度融合。其目标在于提升盐城纺织职业教育的人才培养质量和服务产业能力；促进盐城纺织产业的技术创新和产业升级；加强校企之间的合作与交流，实现资源共享和优势互补；为盐城纺织产业的转型升级和高质量发展提供有力的人才支撑和智力支持。

2. 产教研协同体运行机制

专业共建与课程开发方面的运行机制为联盟成员共同研究纺织行业发展趋势和人才需求，制定符合产业发展需求的专业设置和人才培养方案。引入行业标准和先进技术，开发具有针对性的课程内容和教学资源，确保学生所学知识与行业实际紧密接轨。

实践教学与实训基地建设方面的运行机制为共建共享纺织实训基地，为学生提供真实的生产环境和实践机会，增强学生的实践能力和职业素养。实施“校企合作、工学结合”的教学模式，让学生在企业导师的指导下进行实践学习，实现学校教育与企业需求无缝对接。

师资队伍建设方面的运行机制为联盟成员共同开展教师培训和学术交流活动，提升教师的专业水平和教学能力。引进企业专家和技术人才担任兼职教师或客座教授，丰富教师队伍的实践经验和开阔行业视野。

科研合作与技术创新方面的运行机制为联盟成员共同承担科研项目，针对纺织行业的技术难题和市场需求开展研究和技术攻关。推动科研成果的转化和应用，促进纺织产业的技术创新和产业升级。

资源共享与平台搭建方面的运行机制为建立资源共享平台，实现教学资源、实验设备、科研成果等资源的共享和优化配置。搭建产学研合作平台，促进校企双方在人才培养、技术研发、产品开发等方面深度合作和交流。

3. 联盟建设成效

近年来，纺织示范职教联盟在推动产教研协同方面取得了显著成效。学院与多家纺织企业建立了紧密的合作关系，共同开展人才培养、技术研发和产品开发等工作。通过实施“现代学徒制”等教学模式，学校为企业输送了大量高素质的技术技能人才，有力推动了盐城纺织产业的发展和升级。同时，学校还积极与企业合作开展科研项目和技术攻关，取得了一系列具有自主知识产权的科研成果，为纺织产业的技术创新提供了有力支撑。

综上所述，纺织示范职教联盟产教研协同体在推动盐城纺织职业教育与产业发展深度融合方面发挥了重要作用，为盐城纺织产业的转型升级和高质量发展做出了积极贡献。

（三）对接产业链升级改造，打造产教融合共同体

盐城在纺织产业链升级与高职产教融合共同体建设方面，采取了一系列有力措施，旨在推动纺织产业高质量发展和教育与产业深度融合。

1. 建设思路

盐城市政府出台了《盐城市纺织产业焕新升级工作方案（2024—2026年）》等文件，明确了纺织产业链升级的方向和目标，推动纺织产业向集群化、数智化、高端化、绿色化、品质化发展。通过政策引导和市场机制，鼓励企业加大技术创新和研发投入，提升产品附加值和市场竞争力。引进和培育了一批纺织行业的重大项目，如波司登纺织、水星家纺、云中马纺织等品牌企业的入驻，为纺织产业链升级注入了新的活力。推动纺织产业园区建设，如盐城市高端纺织染整产业园，通过园区化、集群化发展模式，提升纺织产业的规模效应和协同效应。鼓励企业加强与高校、科研机构等单位的合作，建立联合实验室或研究中心，共同研发新技术和新产品。推动纺织产业向绿色化转型，鼓励企业采用环保材料和生产工艺，降低能耗和排放量，提升可持续发展能力。

2. 高职产教融合共同体运行机制

（1）政策与机制保障。盐城市积极响应国家政策，推动产教融合型城市

建设，深入学习《关于深化产教融合的若干意见》等相关文件，为产教融合提供了政策保障。建立了由市教育局、人力资源和社会保障局、科学技术局等多部门组成的职业教育创新发展、产教融合发展领导小组，统筹协调产教融合工作。

（2）产教融合平台与载体。依托盐城工业职业技术学院等高职院校，建设了一批与纺织产业相关的实训基地、产业学院等产教融合平台，为学生提供真实的生产环境和实践机会。鼓励企业与高职院校开展深度合作，共同制定人才培养方案、开发课程资源和教学项目，实现人才培养与产业需求无缝对接。

（3）合作模式与成效。实施了“现代学徒制”“订单培养”等产教融合模式，企业参与人才培养的全过程，提高了毕业生的就业率和就业质量。通过产教融合项目的实施，高职院校为企业输送了大量高素质的技术技能人才，推动了纺织产业的转型升级和高质量发展。

专业群与江苏悦达纺织集团有限公司、大丰腾龙祥顺纺织品有限公司、天虹大丰（盐城）纺织有限公司等合作开展的高技能人才培训班，累计培训职工 3500 多人次，有效提升了纺织产业工人的技能水平。专业群在纺织产业链升级与高职产教融合共同体建设方面取得了显著成效。

（四）服务地方经济发展，打造市域产教联合体

高职院校服务盐城地方经济发展，打造市域产教联合体，是盐城职业教育发展的重要方向，也是推动地方经济高质量发展的重要举措。

1. 专业群服务盐城地方经济发展

专业群紧密对接盐城地方经济发展的实际需求，调整和优化专业设置，确保人才培养与产业发展相契合。盐城工业职业技术学院充分发挥在智能装备、新技术、新材料、新工艺等方面的学科专业优势，主动对接盐城射阳纺织产业集群，为地方经济发展提供了有力的人才支持。

2. 人才培养质量提升

专业群注重提升人才培养质量，通过深化教学改革、加强实践教学、参与创新创业大赛、强化学生创新创业能力培养等措施，培养符合纺织产业发展需要的高素质技术技能人才。并通过这些人才，在毕业后能够迅速适应工作岗位，为地方经济发展贡献力量。

3. 产学研合作

专业群积极与企业、科研机构等开展产学研合作，共同研发新技术、新产品，推动科技成果转化和产业化。这种合作模式不仅促进了地方产业的创新发

展，也为高职院校提供了更多的实践教学和科研资源。

4. 打造市域产教联合体

（1）政策引导与规划。盐城市政府出台了一系列政策措施，鼓励和支持市域产教联合体的建设。通过政策引导和规划，明确了市域产教联合体的建设目标、任务和重点方向，为产教联合体的顺利推进提供了有力保障。

（2）平台建设。依托产业园区、高职院校等建设市域产教联合体平台。这些平台集人才培养、技术研发、成果转化等功能于一体，为产教融合提供了重要的载体和支撑。例如，盐城工业职业技术学院与江苏金风科技有限公司共同成立的“盐城海上风电装备产教联合体”就是其中的一个典型代表。

（3）合作模式。市域产教联合体采用多种合作模式，如政行园企校合作、产教融合型企业和行业建设等。这些合作模式充分发挥了政府、行业、园区、企业和学校等多元主体的作用，实现了资源共享、优势互补和协同发展，共促产业与人才“双向奔赴”，为区域经济发展提供了有力的人才支撑。

通过市域产教联合体的建设，专业群在产教融合方面取得了显著成效。一方面，高职院校的人才培养质量得到了显著提升，毕业生的就业率和就业质量不断提高；另一方面，地方产业的发展也得到了有力支持，产业链条延伸和升级的步伐不断加快。

（五）共建工程技术中心和技术转移中心，提升科研成果转化力

校企共建技术转移中心的主要目的是搭建科技成果转化的桥梁，促进高校和企业的深度合作，加速科技成果的商业化进程。校企共建工程技术中心和技术转移中心是提升科研成果转化力的重要举措，这些举措不仅有助于推动科技创新，还能促进产业与学术的深度融合，加速科技成果向现实生产力的转化。

1. 目的与意义

校企共建工程技术中心旨在通过整合高校和企业的资源优势，聚焦行业关键技术和共性技术的研发，推动产业技术创新和升级。

2. 中心的建设

纺织工程技术转移中心通过提供信息咨询、技术评估、成果转化等服务，降低科技成果转化的风险和成本，提高转化效率。技术转移中心通常由高校和企业共同出资设立，并聘请专业团队进行运营和管理。中心定期收集企业的技术需求和高校的科研成果信息，进行精准匹配和对接。通过组织技术交流会、项目路演等活动，促进校企双方的合作与交流。中心的建设有助于打破学科壁垒，促进多学科交叉融合，形成创新合力，提升科研成果的原创性和实用性。

3. 合作模式

校企双方根据各自的优势和需求，共同制定工程技术中心的发展规划和研究方向。企业提供市场需求、资金支持和实践平台，高校则提供科研团队、技术积累和理论支持。双方共同承担科研项目，共享研究成果，实现优势互补、互利共赢。

科教融汇要求在教育中更加注重科研与教学相结合，可以促进纺织专业将企业智能化车间的典型岗位生产产品的关键技术与课程教学任务相结合，企业、教师、学生三者合力突破企业产品技术瓶颈。通过科研项目、思政项目，融入教学项目、创新创业大赛、技术技能大赛，融入人才培养体系等。在专业教学过程中立德树人，对学生进行一定的科研意识与科研方法的训练，大力培养职业院校纺织专业学生的科技创新精神。通过合作，双方充分发挥各自的技术优势和资源优势，共同攻克技术难题，推动纺织产业的繁荣发展。

深化校企之间的产学研合作，推动科研成果的联合研发和应用示范。建立产学研用紧密结合的技术创新体系，促进科技成果的快速转化和产业化。合理配置科研资源，提高资源使用效率。加强科研基础设施和条件平台建设，为科技成果转化提供有力支撑。出台相关政策措施，加大对科技成果转化的支持力度。建立科技成果转化激励机制，激发科研人员的创新积极性和转化动力。加强科技创新人才培养和引进工作，打造高素质的科技人才队伍。通过联合培养、定向培养等方式，为科技成果转化提供有力的人才保障。

校企共建工程技术中心和技术转移中心是提升科研成果转化力的重要途径。通过加强产学研合作、优化资源配置、完善政策支持和强化人才培养等措施，可以进一步推动科技成果的转化和应用，为地方经济的高质量发展提供有力支撑。

（六）创新“双主体、五融合”产教融合机制，探索混合所有制办学新模式

1. 基于“双主体、五融合”

实施“双主体、五融合”，拓展多元化办学体制，建立理事会领导下的现代产业学院。以企业为主、学校为辅，双方共同规划产业学院发展，共构内部组织，共同建设人才培养软硬件资源，共同管理产业学院运行，共享人才培养、技术研发等成果，共担办学运营风险。全面探索和试点混合所有制，突破校企双主体办学的利益制衡瓶颈，构建办学盈利内循环，建成“公办性质、混合体制、市场机制”的现代纺织服装产业学院。

成立产业学院理事会（董事会）、专家指导委员会，明确其职责与分工。发挥产业学院理事会（董事会）、专家指导委员会的决策功能，全面审议并批准重大发展规划和年度工作计划，根据行业发展趋势分析，为课程设置、学术研究和人才培养方向提供建议。委员会将定期组织论坛、研讨会等活动，以促进产学研用的深入交流，创新教育模式，以适应不断变化的行业需求。形成完善的理事会章程，治理结构完善，理事会章程将详细规定理事会的运作机制，包括理事的任期、选举方式、会议频率、决策程序等，确保理事会的运作透明而高效。同时，建设方案中还包括搭建健全的内部监督机制，如财务审计制度、业绩评估体系，确保学院运营的合规性与高效性。此外，建设方案将强调与地方政府及主要产业的战略对接，通过与政策导向相一致的项目和课程设计，加强学院的服务功能，提升培训质量。学院将采取灵活多样的合作方式，包括联合设立实验室、研究中心，以及提供定制化的培训项目等，以满足不同企业的特定需求。

2. 引入现代管理理念，全面完善产业学院管理制度

学校将产业学院建设纳入改革与发展的中长期规划，制定了专项建设方案，并赋予产业学院一定的自主权限。学校将加强对产业学院的政策倾斜，学校将与产业学院密切合作，制定有针对性的政策，以支持产业学院的发展。这些政策将包括财政支持、人才引进、学术研究等方面的政策，旨在为产业学院提供更好的发展环境和条件。产业学院将拥有一定的自主权，可以根据自身实际情况制定发展计划、招生计划、课程设置等，并且能够自行组织管理和教师队伍建设等方面的决策。

产业学院积极向学校争取优先配置资源，包括人力资源、物质设施、实验室设备、科研经费等，以确保产业学院能够有充足的资源支持，以开展教学和科研工作。在纳入学校长期规划、充分授权和资源优先的基础上，产业学院深入贯彻现代管理理念，构建和完善涵盖人事、财务、岗位设置、分类管理、考核评价等方面的管理制度体系，以适应产业发展和培养高素质的技术技能人才的要求。在人事管理方面，建立科学的人才引进、培养、使用和激励机制。注重人才队伍的结构和质量，建立开放、竞争、合作的人才发展环境。同时，实施动态管理和梯队建设，确保教师队伍和管理团队与产业发展同步更新，具备前瞻性和创新能力。财务管理制度将紧密结合产业学院的特点和需求，建立规范的财务管理体系。实行预算管理和成本控制，确保资源的合理分配和使用效率。通过建立项目审批制度和财务透明机制，提高财务管理的透明度和公信

力。在岗位设置方面，将根据产业学院的功能定位和人才培养目标，科学规划岗位结构，形成合理的岗位序列和职责体系。通过动态的岗位设置和灵活的人才梯队，适应快速变化的产业需求，提高学院的组织效能。根据不同类别的教职工特点，实行差异化管理，既考虑到教育教学人员的专业发展，也兼顾产业实践人员的经验积累。通过分类指导、分类培训、分类考核，实现人才的最佳配置和发展。建立起一套科学、公正、透明的考核评价体系，对教学、科研、社会服务等方面进行全面考核。同时，引入第三方评价，保持评价的客观性和公正性。考核结果将直接关联到人员晋升、薪酬调整和奖惩制度，充分调动教职工的积极性和创造性。在此基础上，构建一套适应产业发展和高素质技术技能人才培养的管理运行机制。通过持续优化管理流程，加强信息系统建设，实现管理制度的有效执行和监控。确保管理决策的科学化、管理操作的规范化、管理服务的人性化，为产业学院的持续发展提供强有力的制度保障。

3. 目标管理与过程控制，构建专业群质量保证体系

出台专业群建设实施方案，执行学院《高水平专业群建设管理办法》《高水平专业群建设评价与考核办法》，以专业群总体目标为统领，设置六大一级目标，细分二级指标。融入现代目标管理与过程控制理论，创新专业群管理体制和运行机制，发挥目标管理方向明确、高效有序的优势，突出过程控制保过程、纠偏差、防应付的特点，实现“目标达成中有过程控制、过程控制中有明确目标”，形成特色的专业群质量保证体系。

4. 多元投入，建立产业学院经费保障机制

为保障专业群建设的顺利实施，建立政府、行业、企业、学院等多渠道、多形式的筹资模式，拓展服务职能，增强培训创收能力，实现平台建设投入的多元化和可持续发展。落实《盐城工业职业技术学院高水平专业群建设项目专项资金管理办法》，设立项目建设专用账户，严格执行资金使用监管制度与审批程序，按照建设方案和任务书的资金预算规划支付、跟踪过程，使资金专款专用，保障项目建设的顺利进行。

（七）专业群的动态调整机制

纺织专业主动服务企业数字化转型升级，结合专业内涵建设和人才培养质量需求，开展科教融汇赋能人才培养体系研究，实现创新型高素质技术技能型纺织专业人才的培养目标。新质生产力视域下纺织专业群动态调整机制，是指在纺织行业中，通过不断引入新技术、新材料、新工艺，以及新管理模式和方法，提高生产效率，优化产业结构，推动产业升级的过程。这种机制强调的是

产业的持续创新和发展，以适应不断变化的市场需求和全球竞争环境。通过构建高职纺织专业群的动态调整机制，涵盖市场需求调研、专业结构优化、课程设置调整、校企合作深化、教学资源整合、师资队伍优化及评估与反馈等关键方面，实现专业群的先进性和前瞻性。

1. 市场需求调研

建立定期的市场需求调研机制，通过问卷调查、访谈、数据分析等方式，全面了解纺织行业发展趋势、企业用人需求及毕业生就业情况。对调研数据进行深入分析，识别纺织产业链中的新兴岗位、关键技能及行业热点，为专业调整提供科学依据。结合国内外纺织产业发展趋势，预测未来市场需求变化，为专业群的长远规划提供参考。

2. 专业结构优化

专业群加强纺织服装上下游产业链的协同合作，优化供应链管理，提高纺织服装产业链的整体竞争力。积极发展新兴交叉专业，如智能纺织、绿色纺织等，以满足行业对技术创新和可持续发展的需求。对于市场需求持续低迷、就业前景不佳、有交叉内容的专业，进行淘汰、合并或转型，避免教育资源浪费。对于市场需求强劲的专业，要通过课程及增设新专业等方式融入专业群建设。

3. 课程设置调整

根据纺织行业技术发展和企业需求变化，定期更新课程内容，构建以市场需求为导向的课程体系，加强实践教学环节，提高学生的动手能力和职业素养。在2024级培养方案的课程设置中，增加了专业基础课程“大数据与物联网技术基础”“数字化控制技术”，同时增设专业拓展课程“智能纺织品”“纺织非遗”，确保教学内容的时效性和实用性。开发具有纺织专业特色的课程群，如纺织材料与应用、纺织设备与工艺等，提升学生的核心竞争力。

4. 校企合作深化

基于现代纺织产业学院、全国纺织示范性职教联盟、视域产教联合体等与企业合作共建实训基地，实现资源共享、优势互补，为学生提供真实的生产环境和实践机会。与江苏悦达棉纺有限公司、越南天虹纺织集团联合开展订单培养、现代学徒制等合作模式，实现学校教育与企业需求的无缝对接。通过产学研合作、三教改革推动纺织技术的创新，比如，采用先进的纺织机械和设备，提高自动化和智能化水平，以及利用数字化技术，如大数据、云计算和人工智能进行生产管理和市场预测。开发和应用新型纤维材料，如冰氧吧再生纤维素、负离子再生纤维素、阻燃功能性纤维等，以满足环保和性能更高的产品需求。推进生产过程的绿色化，减少能耗和废物排放，采用环保的生产工艺和染料，实现可持续发展。与企业共同开展技术研发项目，推动科研成果转化，提升专业服务产业的能力。

5. 教学资源整合

充分利用校内外教学资源，如实验室、实训基地、图书资料等，实现教学资源的优化配置和高效利用。建设纺织专业教学信息化平台，提供在线学习、模拟实训等功能，拓宽学生学习渠道。加强实践教学环节，提高实践教学的比重和质量，增强学生的实践能力和创新能力。引进具有行业背景和丰富实践经验的优秀教师，充实纺织专业师资队伍。定期组织教师参加各类培训、研修活动，提升教师的专业素养和教学能力。加强教师团队建设，鼓励教师之间的合作与交流，形成具有凝聚力和战斗力的教学团队。加强与高等院校和职业培训机构的合作，培养具有创新能力和国际视野的专业人才。通过国际合作，引进国外先进技术和管理经验，同时开拓国际市场，增强国际竞争力。

6. 评估与反馈

定期对纺织专业群进行绩效评估，评估内容涵盖培养方案、育人模式、课程体系、师资队伍、平台建设、教学质量、学生活动、学生就业情况、社会声誉等方面。建立完善的反馈机制，及时收集学生、教师、企业等多方面的反馈意见，为专业调整提供重要参考。根据评估结果和反馈意见，不断改进和优化纺织专业群的各项工作，推动专业群持续健康发展，提升专业群在国际市场上的声誉。

通过上述机制的实施，纺织专业群能够不断适应新的发展要求，提升新质生产力，从而在激烈的市场竞争中占据有利地位。基于新质生产力的纺织专业群动态调整机制，是在纺织行业转型升级过程中，通过不断引入新技术、新材料、新工艺，以及新管理模式和方法，提高人才培养质量，优化专业群结构，推动传统纺织产业升级。这种机制强调的是专业适应产业的持续创新和发展，以适应不断变化的市场需求和全球竞争环境。

三、结论

坚持党建工作与专业建设深度融合，党建引领高水平纺织服装专业群、省国际化品牌专业，省质量工程项目“绿色智慧纺织服装云实训平台”“绿色智慧纺织服装集成平台”等的建设；坚持党建与教学科研双向融合，打造党建引领高水平专业群高质量内涵建设；坚持党建引领与特色活动多点融合，组织开展丰富多彩的主题党日活动，丰富基于校际合作、校企合作的全国示范职教联盟、党建联盟的载体功能；坚持党建引领与文化育人深度融合，落实立德树人，丰富第二课堂和第三课堂育人功能，传承红色基因，培育纺织服装匠才，提高服务专业发展和专业群人才培养的能力。

参考文献

[1] 张华．职业生涯目标设定与实现路径研究［J］．中国人力资源开发，2021，38（5）：68-80.

[2] 李明．大学生职业生涯规划教育探析［J］．高教探索，2022（2）：124-128.

[3] 王强，刘晓莉．职场新人如何设定与实现职业生涯目标［J］．职业教育研究，2023（4）：70-73.

[4] 陈晓红．基于 SWOT 分析的职业生涯目标制定策略［J］．中国职业技术教育，2021（17）：5-8.

[5] 赵丽娟．职业生涯目标与个人发展匹配度研究［D］．北京：北京师范大学，2022.

[6] 孙志鹏．职业生涯规划中的目标设定与评估方法研究［J］．人力资源管理，2023（1）：96-97.

[7] 刘海涛．青年人如何确立和实现自己的职业生涯目标［J］．青年探索，2021（3）：45-48.

[8] 高峰．职业生涯目标管理的实践与思考［J］．企业改革与管理，2022（7）：89-90.

[9] 杨柳．当代大学生职业生涯目标现状调查与分析［J］．教育与职业，2023（9）：104-107.

[10] 徐丽娟．基于职业生涯目标的个人能力提升策略研究［D］．上海：华东师范大学，2021.

[11] 张立峰，陈贵翠．中华优秀传统文化赋能纺织专业思政协同育人模式研究［J］．现代职业教育，2023（9）：127-129.

[12] 顾心怡，焦健．高职院校课程思政建设问题与对策研究［J］．河南农业，2023（30）：33-34.

[13] 宋丹莉．论校企合作中学校承担的任务及利弊分析：以广厦横店影视城

景区运营班为例［J］. 大众投资指南，2019（10）：293-294.
［14］武希刚，通讯员，许婷婷．以标准大提升工作大落实实现发展大突破［N］. 济南日报，2020（3）．
［15］李辉，段绪良，岳佳欣．“四链融合”视角下市域产教联合体建设研究［J］. 教育科学论坛，2024（9）：16-20.
［16］陈亦南，陈志铭，王北一，等．党建引领产教融合、校企合作协同育人机制构建研究：以广东职业技术学院为例［J］. 开封文化艺术职业学院学报，2024（8）：16-20.

第三章　高水平纺织专业群育人模式研究

学校联合波司登集团、江苏悦达纺织集团有限公司、江苏双山集团股份有限公司、江苏亨威实业集团有限公司和盐城市纺织工业协会成立的现代纺织服装产业学院，一是对接“江苏世界级高端纺织集群”，我国纺织业世界领先，高端纺织是我省先进制造业集群之一，旨在促进区域纺织产业转型升级和快速高质量发展；二是支撑高端纺织专业人才和行业关键技术需求，我校作为苏北地区唯一以纺织人才培养为特色的高职院校，与区域纺织企业共生共荣共谋发展，承担着培养地区纺织产业人才的重任，承载着服务地方经济发展的使命；三是构建“政行校企”产教深度融合新发展格局，致力于实现区域高端纺织集群建设目标，为建设纺织强国和纺织强省提供人才支撑和服务效能。

第一节　现代产业学院建设背景和目标

一、建设背景

如图 3-1 所示，2010 年 4 月，盐城工业职业技术学院携手全国百强、国家高新技术企业、江苏省首批产教融合型企业江苏悦达纺织集团有限公司，在纺织院校中率先成立企业学院——悦达纺织学院，校企产教深度融合，赋能现代纺织专业群。近年来成功获批央财支持重点专业、省（国际化）品牌专业、省重点专业群、省高水平专业群、省产教融合集成平台等重大质量工程项目，牵头成立全国示范性职业教育集团，扎实有效开展多元实体化运作，共建省级绿色智慧纺织服装产教深度融合实训平台、集成平台，校企合作示范组合、校企典型生产实践项目、开放型区域产教融合实践中心等省级技术技能创新平台，荣获“中国纺织行业产教融合先进院校”。校企联合开展企业订单班联合培养，试点产业学院利益内循环运行模式，相关成果获 2022 年国家级教学成果奖二等奖、2023 年国家级教学成果奖二等奖等（图 3-1）。

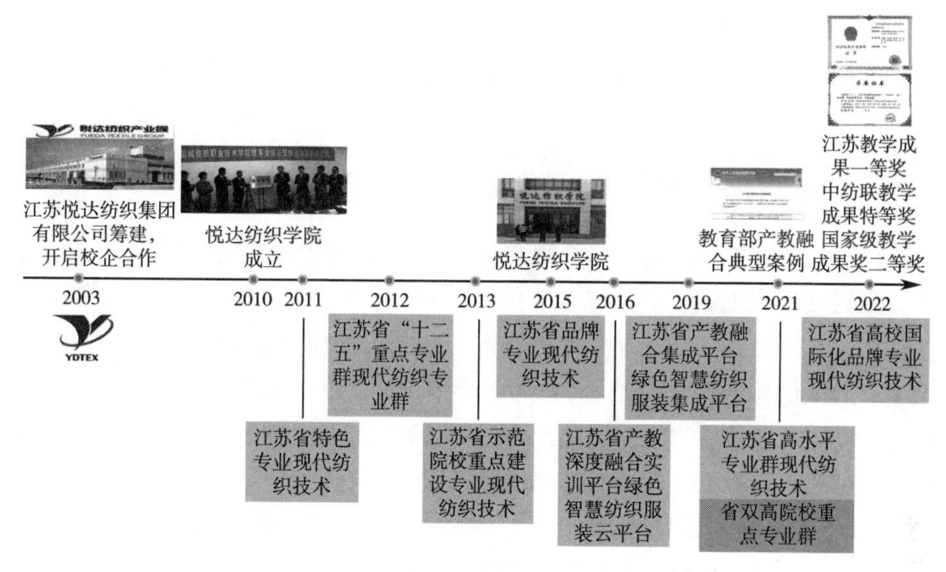

图 3-1　产业学院运行背景

二、建设目标

紧紧围绕国家纺织产业"科技、时尚、绿色"转型升级机遇，紧密结合江苏建设"世界级高端纺织产业集群"发展战略，贯彻新发展理念，依托省品牌专业，政行校企协同创建现代产业学院。发挥产业学院平台优势，创新"岗位群引领，学做创合一"人才培养模式；界定典型职业岗位内涵，重构基于岗位群的结构化课程体系，培养产业高端发展急需的技术技能人才；依托示范性国家职教集团，推进全产业链高水平专业群建设；依托省级产教融合集成平台，打造"交互式、立体化"精品教学资源；推进校企人力资源双向流动，打造国家级教科研双优团队；强化平台服务能力，共建产教融合创新合作中心；服务产业技术革新，建设四层递进的双创平台；联合开发多样化培训资源，实施社会培训"互联网+共享"模式；试点混合所有制，建成引领区域行业发展和纺织服装产业转型升级，省内一流、国内领先、国际有影响的现代纺织服装产业学院。

第二节 “岗位群引领、学做创合一”育人模式研究

一、构建“岗位群引领、学做创合一”的育人模式

（一）坚持党的领导，校企共同推进“三全育人”工作

按照“区域统筹、资源整合、优势互补、共建共享”的原则，联合企业党支部，共同成立校企联合党建综合体，融合政行校企各方优势，补齐短板，全员、全过程、全方位实现人才联育。党员联学，开展党性互动教育活动，共同开展党员“联学”学习研讨会、教育培训等活动，依托校外实习平台，将学生党员编入企业党支部，建立校企入党积极分子和党员校企“双介绍人制度”，提高校企合作教育培养时效性、增强党建共建针对性，提高学院人才培养质量。人才联育，以产学研项目为载体，共同组建党员先锋队，通过专业教学互动提升、企业技术骨干参与课堂、教师骨干参与企业新人培训等结对共建活动，教师多次开展企业课堂，将专业实训课程搬到企业进行，实现专业技能互学共赢，同时融合企业文化，真正实现校企文化协同育人，同时，以教学为基础，引导支部成员挖掘提炼各门课程中蕴含的思想政治教育元素，发挥“课程思政”教育效果。力争获批省级以上“三全育人”典型案例 1 项以上。

（二）坚持立德树人，校企共同优化个性化人才培养模式

坚持立德树人、德技并修，基于生源多样化的背景，以学生多样发展为目标，依托混合所有制的“现代纺织服装产业学院”，校企“双元主体、双重管理、双重评价”协同育人，聚焦“双主体办学、现场工程师、1+X 证书试点”，对接“产业转型升级、典型工作岗位、职业最新标准、职场工作环境、岗位评价标准、企业文化内涵”，以岗位群为引领，因材施教，开设学徒班、社会班、创新班，形成“岗位群引领、学做创合一”的个性化人才培养模式，培养高素质技术技能人才。建设期内形成省级以上人才培养案例 1 项以上，获省教学成果一等奖 1 项，中国纺织工业联合会教学成果奖 5 项，其中一等奖 1 项，培育国家级教学成果奖 1 项；学生获国家级竞赛奖 1 项，省级竞赛获奖 11 项，其中一等奖 3 项；形成可示范推广的现场工程师产业学院试点项目 1 项。

（三）坚持对接职场，校企共同推进专业课程教学改革

零距离对接纺织服装产业新职场，全面推动教学改革。坚持教学观念上以学为主，教学目标上以提升职业技能为主，教学形式上以学生为中心，教学评

价上以过程考核为主，全面推行项目化教学、技能导向教学、工作过程导向教学，利用专业群教学资源库和技能加油站，借助超星尔雅、职教云课堂、爱课程等数字平台，实施线上线下混合教学；借助产业学院合作企业技术人员、真实项目、工艺流程等职场元素对学生进行理实一体化教学，推动课堂革命；以电子商务专业“1+X”证书试点改革为契机，将X证书和职业资格证书内容融入课程，试点“学分银行”，实施分类分层教学和弹性学制，探索职业技能等级证书各模块学习成果与学分的认定、积累与转换模式。试点专业学生“1+X”证书持有率达80%以上，形成职业教育“课堂革命”典型案例1个，立项省教改课题2项、部委级教改课题5项。

（四）坚持虚实结合，校企共同搭建专业实训平台

校企双方围绕现代纺织服装产业人才需求，大力推进现场工程师、虚拟仿真实训基地建设，全面探索以沉浸式、孪生化建设环境，以模块式、过程化拓展仿真资源，以集成式、标准化设计管理平台，以共生式、内循环打造运行机制等系列做法，形成现场工程师虚拟仿真实训基地建设的整体解决方案。协同研究构建现场工程师实训体系，按照工序逻辑设计生产类、管理类实训项目，使实训内容更加贴合现场工程师岗位要求；按照认知规律构建认知实训、仿真实训、现场实训、顶岗实训四层递进、虚实结合的实训流程，并采用双导师学徒制加以实施，使实训模式更加符合现场工程师成长路径；按照经典的目标评价理论改进评价机制，以全面评价促进技能、素质双提升，实现以评促训。建设期内，中国特色学徒制、现场工程师、技能大赛培训等技术技能人才培养项目人数占现代产业学院在校生人数的60%以上。

二、驱动专业化人才质量提升，构建专业群质量标准体系

参照中国工程教育认证（China Engineering Education Accreditation）标准，结合专业教学标准，制定专业认证标准，遵照工程教育认证的核心理念及做法，打造专业特色。参照专业认证标准，构建多元多层次教学质量监控和评价机制，保障专业人才培养质量。按照专业认证标准，校企共建教学质量监控与评价标准体系，重点研究实践课程、理论课程和理实一体化课程差异化标准体系的建立；构建由企业专家、督导、学生和认证机构四主体构成的多元多层次监控和评价机制。建立校、院、系、教研室四级督导体制；建立教学信息员、优秀学生代表和学生主体等在内的多层次学生样本监督评价机制；采纳纺织行业企业实践专家的建议，邀请校内督导及优秀学生代表共同制定和完善课程教

学质量评价标准体系。运用 PDCA 循环理论，构建符合人才培养和产业发展需求的标准认证体系 1 套，形成更加合理有效的监控与评价反馈机制，正确激励和引导教学活动，实现教学质量循环上升。

三、遵循“2345”建设思路，创建多元文化育人示范地

联合合作企业、行业协会和地方政府，按照“实施两项工程、弘扬三种精神、融合四元文化、培育五实人才”的“2345”建设思路，创建多元文化育人示范基地。实施两项工程——书香校园建设、职场校园建设。推进校史研读活动，建好网上校史馆，建设企业职场文化交流中心，传播正能量，建好主阵地；弘扬三种精神——铁军、工匠、校园（精神）。建设铁军精神景点、企业工匠精神景区和在线开放课程，追寻先烈足迹，植入红色基因，培育工匠情怀，锻造校园工匠，凝聚校园合力，共同建设师生员工高度认同的文化家园；融合四元文化——学校文化、企业文化、行业文化、地域文化。引进非遗大师，打造“工院大讲堂”文化品牌，推进合作企业产业教授、劳模工匠、技能大师进校园，将合作企业人文精神、经营理念和质量文化与学校文化对接，将行业文化融入校本教材，将盐城四色文化融入学校文化，实现“校企行地”有机融合；培育五实人才，秉持“三全”育人理念，搭建思政教育平台、专业教育平台、实践教育平台、创业教育平台和心理教育平台，培养为人诚实、理想务实、技能扎实、工作踏实、创新笃实的特质人才。

四、健全课程育人布局，建设“实、新、活”的课程思政示范课

现代纺织服装产业学院在课程体系构建上坚持思政统领，教学目标上坚持思政刚性，教学内容上坚持思政鲜活性，教学评价上坚持思政底线。联合地方政府和行业协会、地方龙头纺织服装企业，挖掘思政和文化等元素，融入专业群平台课程、核心课程和拓展课程，建设充分体现课程思政要求的课程质量保证体系。突出思政课程育人主渠道，健全思政课程体系，开足开好必修课、“我爱校园”劳动课，让思政课“实”起来。实施问题导向式专题教学法，激发学生兴趣，强化学习动力，努力做到讲深、讲透，让思政课“新”起来。紧扣师生需求，把思政小课堂同社会大课堂结合起来，邀请知名校友、行业企业优秀人士等与思政教师“同上一堂思政大课”，打造特色鲜明的“移动”思政课堂，形成思政微课、情景剧、微宣讲、微故事系列化的“展示课堂”，让思政课“活”起来。以优质课程建设为关键，引入中国传统美学文化，把正

确的道德认知、高尚的审美情操、严谨的工匠精神紧密结合起来，引领学生锤炼品德修为。建设省级以上课程思政示范项目1项以上，具有地方特色的课程思政案例库1个，建设5门以上“课程思政”示范课。

五、推进“四层递进”的创新创业教育

（一）校企共建创新创业教育体系，促进创新创业与专业教育有效融合

构建“专创融合”的课程体系。将创新创业教育融入素质教育体系，开设公共必修课与网络选修课，强化学生创新创业意识教育；将创新创业教育融入专业课程，以“课程作品化、作品产品化、产品精品化、精品市场化”为目标，将具有实践性、统合性、探究性和合作性的创新设计项目融入专业课程实施项目化教学；通过开设跨院系、跨专业的选修课，形成交叉培养课程体系；构建“专创融合”的实践体系。将创新创业教育融入专业实践，全天候开放各类实训基地，实践基地共享，实践项目共融，创新项目融入课程设计，创新创业融入毕业（论文）设计，校企共建“专创融合”导师工作室，带领学生团队开展创新产品、创新工艺、创新流程等实践活动。构建“专创融合”的孵化体系。“校企共建”导师工作室、指导服务站、企业工作站，为学生提供创新创业体验实践，建设“匠心坊创客工场”，学生创新作品可替代某项专业实践学分。建设期内建设创新创业课程2门以上，每年面向学生开展学术讲座3场以上，将应用课题研究、科技攻关等项目转化为教学资源案例5项以上，获省级创新创业赛项奖超10项。

（二）“政园企校”四方合作，建设“四层递进式”创新创业实践平台

“政园企校”合作，通过“认知、模拟、体验、实战”的“四层递进式”实践，播撒创新创业“种子”，筛选创新创业“苗子”，确保创新创业教育能够分层次、分类型、科学化地实施。搭建认知实践平台：学校成立“大学生KAB创业俱乐部”，院系成立“大学生创业社团”，通过沙龙、讲座、论坛、成果展，开展SYB（start your business）、小微创业、互联网+创业等创业培训，运用纺织服装文化展览馆等专业平台激发兴趣，认知实践覆盖面达100%；搭建模拟实践平台：建设大学生创业网、ERP企业模拟经营室、创新创业模拟系统，结合创新创业大赛，建立专业平台和大赛平台，提供形式多样的仿真模拟训练，模拟实践覆盖面达80%；搭建体验实践平台：和悦达纺织集团等企业共建6个创新创业工作站，12个导师工作室，1个“E+网络创业”训练平台，1个匠心坊创客工场，500平方米的创业一条街等，多渠道开辟创新创业体验

实践项目，体验实践覆盖面达50%；搭建实战孵化平台：设立4000余平方米创业项目孵化区，500余平方米电子商务创业孵化区，全程一站式创业指导服务站，150万元大学生创业母基金，成立“盐城高教科技与创业服务有限公司”，提供“全程一站式”孵化服务，实战孵化覆盖面达10%。校企共同培育和孵化大学生优质创业项目，借助大学生众创空间等优势资源帮助学生创业，立项省职业院校学生创新创业培育计划项目10项以上，毕业生创业率不低于2%。

六、中国国际大学生创新大赛（2024）中实现金奖“零”的突破

2024年10月12~15日，中国国际大学生创新大赛（2024）总决赛在上海交通大学举办，来自世界各地的青年学子齐聚上海共襄创新盛举。10月16日，中共中央总书记、国家主席、中央军委主席习近平给中国国际大学生创新大赛（2024）参赛学生代表回信，对他们予以亲切勉励并提出殷切希望。习近平指出，“你们以大赛为平台，用在课堂和实验室学到的知识解决实际问题，在创新实践中增本领、长才干，在互学互鉴中增进中外青年的友谊，这很有意义。”习近平强调，“创新是人类进步的源泉，青年是创新的重要生力军。希望你们弘扬科学精神，积极投身科技创新，为促进中外科技交流、推动科技进步贡献青春力量。全社会都要关心青年的成长和发展，营造良好创新创业氛围，让广大青年在中国式现代化的广阔天地中更好展现才华。”中央政治局委员、上海市委书记陈吉宁，教育部党组书记、部长怀进鹏出席相关活动并致辞，上海市委副书记、市长龚正出席活动。经过激烈角逐，盐城工业职业技术学院参赛项目斩获1金2铜，实现了学校在该赛事上金奖“零”的突破，也是盐城地区该项赛事的第一个金奖。

本届大赛由教育部等12个部门联合上海市人民政府共同举办，自2024年5月启动以来，共有来自全球153个国家和地区5406所高校的514万个项目、2083.6万人次参赛。其中，国外学生报名参赛人数达到39380人，涉及1993所学校的12063个项目，覆盖了哈佛、牛津、斯坦福、麻省理工、剑桥等152所世界百强高校，真正成为世界青年学生高度关注、广泛参与的国际赛事，是一场融通中外的“百国千校千万人”创新盛会。大赛突出“我敢闯 我会创”的赛事主题，围绕“更中国、更国际、更教育、更全面、更创新、更协同”的总体目标，深入推进产教融合、科教融汇，有力发挥高等教育在教育强国建设中的龙头作用。本届大赛自启动以来，学校领导高度重视赛事的组织和准备

工作，创新创业学院广泛动员学生、深入挖掘项目，积极组织开展校内选拔赛，全校共有814个项目参赛，3186人次参与竞赛和活动，参赛项目和人次均创历史新高。经过周密策划、精心组织，通过专题培训、专家辅导、备赛集训等环节，不断提升参赛项目质量，积极协调整合各方资源，为参赛团队提供全方位的支持与保障，经过多轮激烈角逐，学校“羽众不同——仿生羽绒结构创新者”项目斩获金奖，“破茧‘重生、——平面茧均匀成型技术的开拓者”“精工卫士——薄壁异形件精密智造的领航者”两个项目斩获铜奖。

长期以来，学校坚持以厚植高水平专业群为人才培养沃土，以深耕创新创业人才培养为牵引，积极探索依托现代产业学院构建教学共同体、文化共同体、产研共同体、发展共同体，形成“政校行企”多元主体参与的创新创业教育共生系统，通过纵向、横向和内外“三大联动”，全力打造校内、校校、校企“三个协同”，树立价值共创为目标的创新创业教育共生理念，构建了以产学研创为核心的创新创业教育教学共生模式，推进以资源共享为基础的校域共生实践，推动产业链、教育链、创新链、人才链之间的深度融合，形成服务新质生产力发展的创新创业教育体系和路径。同时，通过“产教融合、科创融汇”构建产学研创一体的创新创业课程体系，按照以学生为中心，成果导向（OBE），阶段提升的价值理念，以“课程作品化，作品产品化”为目标，实现“产品精品化，精品市场化”。专创融合、课赛融通，推广“虚实结合”体验式教学方法，打破教学在时间和空间上的限制，从而加深学生对创新创业过程及其规律的体验和理解。

金奖项目：羽众不同——仿生羽绒结构创新者。项目针对天然羽绒原料供应不稳定，价格高，“活拔绒”导致贸易出口受限的痛点问题，首创了360°独立星朵绒状的仿生科技羽绒，实现了从多流程、高消耗、高污染的分散式生产向集成、高效、环保型生产的转型。该项目具有聚乙烯醇（PVA）长丝定点涂胶、三维静电植绒和远红外蓬松定型的三大亮点技术，开启羽绒制品的个性化和多功能化，拓展羽绒制品的功能领域和应用领域，推动仿生羽绒制品的高端智能化，致力于做新质生产力的躬耕者、践行者、先行者（图3-2）。

银奖项目：破茧“重生”——平面茧均匀成型技术的开拓者。项目针对平面茧传统加工过程中生产效率低、产品质量差、品质不稳定等致富痛点，团队提出利用机器视觉技术及深度学习模型识别蚕体分布，建立蚕体姿态数据库；利用熟蚕“逆光性”的生理特性，结合蚕体分布识别结果，基于帧间差分的目标检测算法，采用智能分区控制高效矩阵灯驱动蚕体，实现蚕体均匀分

图 3-2　羽众不同团队研发历程

布等两大核心技术，研发了平面茧智能均匀成型设备，解决了传统平面茧生产过程中的行业堵点。目前已在江苏盐城、广西柳州等蚕农、蚕业公司试用，推动了平面茧的高质量发展，有力地提高了客户的收益，未来将为全国桑蚕平面茧产业带来新的爆发点（图 3-3）。

图 3-3　破茧“重生”团队研发历程

铜奖项目：精工卫士——薄壁异形件精密智造的领航者。长期以来，薄壁异形件因其刚性差导致加工中易出现变形、震颤，甚至开裂等情况，一直是加工中的难点问题。而传统辅助支承却存在行程短无法有效接触被加工面、无法承受大载荷维持持久稳定性、缺乏可视化智能呈现导致效率低等三大痛点，急需技术改造。由精工卫士科创团队自主研发并投入生产使用的大行程可调式辅助支承，实现三大技术革新：一是可调式辅推合一结构，实现辅助支承伸长量 80 毫米的突破；二是特殊锥面构型设计，满足 80 千牛顿强力载荷下的稳定加工；三是动态感知压力变化系统，实测压力变化行程响应缩至 2 秒内。本团队专注于辅助支承设计研发与应用。目前，本团队产品已在江苏悦达起亚汽车有限公司、山东五征集团有限公司、盐城飞龙机床有限公司等知名企业得到广泛应用，产品质量经多方权威机构检测合格，获得用户及专家的高度认可（图 3-4）。

图 3-4 精工卫士团队研发历程

第三节 现代学徒制育人模式研究

学徒制度一直是人类培养技能人才的重要方式之一。现代学徒制在传统学徒制的基础上，结合了理论学习和实践技能培训，被广泛应用于各行各业。现代学徒制作为一种重要的人才培养模式，在培养高素质技能人才方面具有显著优势。然而，随着社会经济的快速发展和科技进步的加速，尽管现代学徒制在提供职业教育和培养技能人才方面具有诸多优势，但也面临着一些困境和挑战。以下将围绕现代学徒制人才培养模式的定义、特点及面临的困境展开综述，旨在深入分析这些困境的根源，并提出相应的应对策略，以促进现代学徒制人才培养模式的可持续发展。

一、现代学徒制的建设策略及路径

（一）组建专业的现代学徒制教育辅导团队

为应对高职院校现代学徒制教育中师资力量不足的问题，可以结合产教融合和校企合作的教育发展模式，组建一支专业的现代学徒制教育辅导团队。在育人培养初期阶段打好教育基础，提升高职院校的教育工作能力和育人培养质量，有效减轻企业的培养压力和教育负担。通过强化高职院校教师团队的辅导能力，使校企双方在人才培养过程中实现双向互补，是解决这一问题的关键，有助于增强现代学徒制教育的有效性。

高职院校可以通过外聘教师和加强教师队伍建设等方式，为现代学徒制的建设和制度完善提供保障，提升自身教育水平和服务的专业性。这样，教师可以科学地规划现代学徒制教育，避免因师资不足而影响教育质量。此外，高职院校应与企业积极沟通，明确育人培养的核心问题，并争取为企业提供必要的教育资源支持，以确保教育质量不受资源匮乏的影响，紧跟企业育人培养步伐。

这一策略不仅能够提升现代学徒制教育的有效性，提高高职院校的教育质量和能力，还能促使高职院校基于现代学徒制完善育人培养体系，增强校企合作能力。在现代学徒制的影响下，高职院校和企业可以各司其职，充分实现产教融合背景下高水平的育人培养推进。这一策略的实施需要以下几个步骤。

通过组建专业的现代学徒制教育辅导团队，不仅可以提高高职院校的教育质量和育人能力，还能减轻企业的培养压力，实现校企之间的良性互动和双向互补。高职院校应成立专门的现代学徒制教育辅导团队，吸纳具备丰富行业经验的外聘教师，并强化现有教师队伍的建设。这些教师应具有实际工作经验和教学能力，能够将理论与实践相结合，为学生提供高质量的教育指导。通过定期开展教师培训，提升教师的专业素质和教学能力，使他们能够应对现代学徒制教育的要求。通过培训，教师能更好地理解企业需求和行业发展趋势，从而为学生提供更具针对性的教育。

（二）强化政府主导完善学徒制建设保障人才培养质量

由于企业作为盈利机构，往往无法为大学生提供必要的教育保障，政府在高职院校现代学徒制的应用中应发挥关键的管理协调作用。政府应通过立法机构完善相关法律，并通过执法机构进行有效监督，确保现代学徒制在高职院校中得到有效实施。具体措施包括确保企业按劳动法要求给学生提供必要的经济和服务保障，并履行相关教育管理责任。对于存在违法违规行为的企业，应将其法人和直接管理者移交检察院起诉。

政府还应通过严格的监督手段，杜绝部分高职院校与企业骗取补贴和学费的行为，净化现代学徒制的教育环境，建立大学生、高职院校和企业之间的良好教育信任关系。这将确保高职院校现代学徒制建设能够为企业输送有价值的行业人才，提升整体人才培养质量。

为了进一步强化政府主导，完善学徒制建设以保障人才培养质量，可以采取以下具体措施。一是制定和完善法律法规。政府应通过立法机构制定和完善相关法律法规，明确企业和高职院校在现代学徒制中的责任和义务。例如，明确企业必须为学生提供合理的工资、保险和职业发展机会，确保学生在实习期间的合法权益得到保障。二是加强执法监督。建立专门的监督机构，对高职院校和企业进行定期检查和评估，确保各方按照法律法规执行现代学徒制。对违反规定的企业和院校，及时采取处罚措施并曝光，起到警示作用。三是提供政策支持和激励。政府应为参与现代学徒制的企业和高职院校提供政策支持和激励措施。例如，给予税收优惠、财政补贴和荣誉表彰，激励更多企业和院校积极参与学徒制，提升人才培养质量。四是加强培训和指导。政府应组织专业培训和指导，帮助企业和高职院校更好地理解和实施现代学徒制。通过培训，提高企业管理者和教育工作者的专业素养和管理水平，确保学徒制科学有效地运行。五是建立健全反馈机制。建立学生、企业和院校之间的沟通平台，及时收集和反馈各方意见与建议。政府应根据反馈信息，不断调整和完善学徒制政策，确保政策的科学性和有效性。六是推动产教融合示范项目。政府可以设立产教融合示范项目，选择一批优秀的企业和高职院校进行试点，通过总结经验、树立典型，推动现代学徒制在全国范围内的推广和应用。通过以上措施，政府可以在高职院校现代学徒制建设中发挥主导作用，确保学徒制的有效实施和持续改进。这不仅有助于提升高职院校的人才培养质量，也能为企业输送高素质的专业人才，推动整体社会经济的发展。

此外，政府机构牵头，联合学校制定相关政策，完善学徒制度建设，提升其在社会上的认可度和地位，通过宣传教育和示范引导，树立学徒制度的良好形象，吸引更多学生和家长选择学徒培训，此外，政府可以加大对企业的政策和资金的扶持力度，鼓励企业增加对学徒培训的投入。明确高职院校和企业在现代学徒制中的教育责任和管理责任，避免不必要的教育管理纠纷，促进产教融合和校企合作的良性循环发展。通过从制度、模式和管理策略等方面，优化高职院校的现代学徒制育人机制，确保其在人才培养中发挥重要作用。这将为高职院校完善现代学徒制育人体系奠定坚实基础。

(三) 加强对学生现代学徒制教育培养的思想引导

为了有效提升大学生的思想认识，增强其在现代学徒制教育中的参与积极性，高职院校和企业需要加强对大学生的思想引导。这可以通过以下策略实现。一是加强思想教育。高职院校应从思想教育的深度和广度入手，完善现代学徒制育人体系。通过系统化的思想教育课程，帮助大学生树立正确的职业观和价值观，使其理解并积极参与试岗工作。二是建立多元化的教育平台。通过教师与企业职工的联合教育合作，建立多元化的互动平台。利用课堂教学、企业讲座、实践指导等形式，增强大学生的实践能力和思想认识。三是关注心理环境建设。高职院校和企业应积极营造支持性的心理环境，引导大学生正确看待高品质物质生活。帮助学生培养脚踏实地的工作态度，鼓励他们在试岗过程中持续进行自我提升和自我强化。四是提供早期思想引导和就业指导。在学生参与企业试岗的初期阶段，进行针对性的思想引导和就业指导。通过职业规划和市场分析，帮助学生明确就业方向，理解自身能力与市场需求之间的关系。五是监测和调整思想动态。高职院校应定期关注学生的思想动态，及时调整教育引导策略。通过反馈机制，了解学生的思想变化，针对性地进行教育调整，促进其思想认识的进一步提升。六是培养良好的职业素养。强化大学生的职业素养教育，培养他们吃苦耐劳、任劳任怨的良好品质。通过实际工作中的体验，帮助学生形成正确的职业价值观和坚韧的工作态度。这些措施可以使高职院校和企业有效提升大学生的思想认识，消除现代学徒制教育中的潜在问题，从而实现更高质量的教育培养成果。

（四）建立线上的现代学徒制教育合作机制

建立线上的现代学徒制教育合作机制的核心在于提升教育信息的共享效率，实现高职院校与企业之间的数据互通。这样可以确保高职院校实时掌握学生在岗实训的最新动态，并根据学生的实际表现调整后续教育课程。具体步骤包括，一是创建线上信息共享平台。高职院校与企业应共同建立一个线上平台，用于实时更新和共享关于学生实训的各类信息。该平台应支持实时数据传输，便于双方及时获取和分析学生的学习和工作进展。二是实现数据互通。通过线上机制，使高职院校和企业能够有效互通教育数据。企业可以利用该平台，了解学生在校和在岗的学习情况，并根据企业的长期发展规划，为未来的岗位实训选择合适的学生。三是促进在线教育沟通。通过线上平台进行教育问题的反馈和讨论，教师与企业职员能够及时解决在岗实训中遇到的问题，进行教学和管理上的协作。这种双向沟通机制有助于及时调整教育策略和改进实训方案。四是优化教育管理。利用线上合作机制，企业可以减轻学生教育管理的压力。平台上的实时反馈和数据分析能够帮助教师更好地制定有针对性的教育计划，提升实训的质量和效果。五是推动教育创新。建立线上教育合作机制有助于推动现代学徒制教育的创新，改变传统校企合作中单一的人才培养模式。线上平台可以扩展教育合作路径，丰富育人形式，为高职院校和企业探索新的育人途径提供支持。六是增强合作关系。通过线上机制，加强高职院校与企业之间的教育互动，避免合作过程中的沟通障碍，使现代学徒制教育不流于形式。此举将加深校企合作关系，为共同开发和完善现代学徒制育人体系奠定坚实基础。通过这些措施，线上现代学徒制教育合作机制不仅能提高教育数据的利用效率，还能促进校企双方在教育管理和人才培养方面的深入合作。

（五）完善高职院校双协同教育服务育人体系

完善高职院校的双协同教育服务育人体系，旨在通过企业和学院的紧密合作，优化职业教育的规划与实施。具体步骤包括，一是企业参与教育规划。企业应积极参与高职院校的职业教育规划，为教育内容和方向提供实际的指导和支持。这种合作可以帮助解决高职院校教育规划与企业育人目标不一致的问题，确保教育内容和企业需求相匹配。二是教育管理协调。在双协同教育服务体系中，高职院校负责协调教育管理，解决学生在试岗期间遇到的各种问题。这可以提升学院在现代学徒制教育中的参与度和专业性，使教育服务更符合实际需求。三是企业的管理与规划。企业在育人服务体系中承担管理和规划的角色，根据自身的人力资源需求，协助高职院校优化教育规划。这有助于在现代学徒制中有效补充教育内容，避免教育内容与实际需求不符的情况。四是增强教育合作能力。通过校企双协同育人体系的实施，高职院校与企业的合作能力得到增强。双方可以通过定期的教育互动和专业团队的考察，深入了解对方在教育过程中的不足，从而实现教育内容和方法的有效互补。五是定期考察与反馈。高职院校和企业应定期派遣专业教育团队进行教育考察，分析现代学徒制育人过程中存在的问题，并基于双方的实际情况进行调整。这种动态的调整可以提高教育应用的有效性，确保教育体系不断适应新需求和新挑战。通过这些措施，高职院校与企业的双协同教育服务体系将更加完善，可有效促进现代学徒制教育的实施，提高人才培养的质量和效果。

（六）深化校企合作提升学徒培训质量

深化校企合作是提升学徒培训质量行之有效的重要途径，不仅可以满足企业岗位人才需求，还可以促进教育与产业的无缝衔接，为学生提供更为广阔且可持续的职业发展空间。首先，校企合作可以更好地满足市场需求。随着科技的高速发展和产业结构的不断调整优化，企业对于高素质技术技能型员工的需求日益增加。校企合作可以使学校教育更加贴近市场需求，根据企业岗位人才需求调整专业人才培养方案、课程设置及教学内容，使学生在校期间就能通过校企合作现代学徒制培养，掌握企业最新技术和实践经验，增加就业筹码、提高就业竞争力。其次，校企合作可以促进教育与产业的深度融合。通过校企合作可以互补彼此的资源和优势，实现资源共享、信息互通、技术共用。学校可以借助企业的兼职师资、技术支持和实践平台，提升教学质量和办学声誉；而企业也可以通过与学校合作，获取创新型人才和技术成果，推动企业的创新发展和转型升级。最后，校企合作还可以为学生提供更广阔的职业发展空间。通过校企合作，学生不仅可以于在校期间习得与企业实际工作岗位相关的技术技能，还可以通过实习实训等方式深入了解企业文化和行业特点，为将来走上工作岗位奠定坚实基础。同时，参与学徒制实习实训的学员也更容易融入企业团队，更适应工作环境，减少企业用人风险，具有校企合作实践经验的学生因此更受企业青睐。

总之，深化校企合作是提升学徒培训质量的重要途径，只有学校与企业紧密合作，充分发挥各自的优势，进一步加强校企合作机制建设，完善相关政策措施，营造良好的校企合作氛围，共同推动学徒培训质量的提升，满足市场对人才的需求，促进教育与产业的良性互动，推动经济社会的持续发展。与江苏悦达纺织集团有限公司合作培养的纺织 2041 订单班受到了企业的良好评价。

二、推动科教融汇满足企业新质生产力人才需求

在当今快速发展的科技时代，企业对于高素质、具备前沿科技知识与实践能力的人才需求日益增加。因此，科教融汇成为实现人才培养与产业发展有效对接的关键机制。首先，推动科教融汇有助于深度挖掘人才潜力。传统的教育体系往往注重理论知识的传授，而在实践中，企业更需要具备实践经验与解决问题能力的人才。科教融汇可以通过建立产学合作、开展实践性课程等方式，使学生于在校期间就能接触到实际工作场景，提前适应企业需求，培养出符合实际需要的人才。其次，科教融汇能够促进科研成果的转化与应用。科学研究往往孤立于实际应用，导致很多科研成果难以转化为生产力。通过科教融汇，学术界与产业界可以紧密合作，将前沿科研成果与实际生产需求相结合，加速科技成果的转化与应用，为企业提供更多创新动力与竞争优势。此外，科教融汇还能够促进人才流动与交流。学术界与产业界的交流互动，可以让人才更加灵活地在不同领域间流动，汲取各方面的知识与经验，提升综合素质与竞争力。同时，企业与高校的合作项目也能为学生提供更广阔的就业机会与职业发展平台，激发其创新潜力与工作动力。

总之，推动科教融汇以满足企业新质生产力人才需求，不仅有利于深度挖掘人才潜力，促进科研成果的转化与应用，还能够促进人才流动与交流，为构

建现代化经济体系注入源源不断的人才动力与创新活力。因此，政府、高校和企业应共同努力、加强合作，推动科教融汇机制的建设与完善，实现产教融合、校企合作的良性循环，为经济社会发展提供强有力的人才支撑。

第四节 现场工程师育人模式研究

一、现场工程师育人模式的教学组织与实施

（一）现场工程师实施成功的几个关键因素

1. 双主体办学机制的建立

双主体办学机制的建立是提升职业教育质量的关键途径。校企合作不仅能有效培养高技能人才，还能体现高职院校的办学方向和特色，是现代高等职业教育改革的重要内容。双主体办学机制是实现现场工程师模式的基础，主要包括学校和企业共同出资、共建专业和共同培养人才。这一机制要求逐步实现以下目标：企业根据需求制定招生计划，依据职业标准设计课程内容，按照技能要求确定教学方式，并根据学习者的能力安排就业岗位及薪酬待遇。通过充分利用第三方机构的支持，双方可以签署联合人才培养协议，从而建立有效的双主体办学模式。

2. 双导师培养工学交替、实岗育人机制建立

双导师培养机制和工学交替、实岗育人机制的建立是现场工程师培养的核心要素。该机制强调企业导师与学校教师共同指导学生，合作制定人才培养方案和标准，同时设立企业与学校双重考核体系。在企业实践教学过程中引入双导师制度，不仅有助于创新工作理念，还对政策的完善起到重要作用。通过借助第三方服务机构的支持，可以有效搭建双导师体系。因此，还需要加强对工学交替和实岗育人机制的研究，深入探索企业实践教学，以确保双导师制定的培养方案得到全面实施。

3. 评估考核机制的建立

在现场工程师中，学生的评估考核机制主要基于企业实际工作过程。考核主体包括企业导师和学校教师，评估的核心在于学生对企业文化和行业发展的理解，以及对工作流程的掌握。为此，需要建立一个以目标考核和学生发展性评价为核心的学习评价体系，其中针对性评价与发展性评价应相互协调。这种评价体系是现场工程师评估考核机制的基础。引入第三方评估机构可以进一步

完善这一机制，以确保评估考核的全面性和公正性。

（二）双证书制度的建设

现场工程师实施“双证书”制度，即同时颁发学历证书和职业资格证书。在教学过程中，需要将职业技能鉴定标准纳入课程设置，实现课程内容与鉴定标准的对接。企业应为学生提供实习岗位，同时设立教师实践岗位，支持职业院校开展教师和学生的企业实习实践，每两年要求专业教师在企业或生产服务岗位实践不少于两个月。此外，学校和企业应共同制定招生和招工方案，确保学徒在企业和职业院校双重身份的落实，并明确校企双方的培养责任及双导师制度。还需建立与现场工程师相适应的教师聘任、管理和培养机制，完善课程体系建设、教学运行和质量监控，并采用弹性学制或学分制等灵活的教学模式。

二、“智能制造技术”专业现场工程师育人模式研究

（一）通过调研确定现场工程师人才培养目标

进一步落实立德树人根本任务，顺应“强富美高”新江苏建设，充分发挥协同育人主体作用，以“专业、精细、特色、创新”为引领，构建产教协同育人新模式。通过基于CDIO（conceive，design，implement，operate，构思、设计、实现、运作）和STEM（science，technology，engineering，mathemetics，科学、技术、工程和数学）教育理念的项目教学改革与实践，全面提升学生企业工程能力，加快智能制造技术专业转型升级，我校智能制造技术专业群实施现场工程师校企联合培养现场工程师，紧密围绕现场工程师合作企业江苏长虹智能装备股份有限公司紧缺技术岗位的机械工程师、电气工程师需求，针对汽车及航空航天领域的涂装、总装、焊装系统集成的产品设计、生产制造、安装调试、试验试制、现场管控、设备运维和售后服务等一线岗位，校企联合，共同培养精操作、懂工艺、会管理、善协作、能创新的现场工程师。

通过企业调研得知，机械工程师、电气工程师这两个紧缺技术岗位的具体岗位能力要求如下。

机械工程师岗位能力要求是具备数控基础编程及机床加工能力，熟练掌握AutoCAD及三维绘图工具，能够使用基础测量工具检测，设计产线机械图与安装示意图，根据图纸编制工艺加工路线及工艺文件，对现场工人进行工艺技术指导，针对现场机械问题提出改进方案。

电气工程师岗位能力要求是熟悉电气图纸，熟练进行电控柜安装和调试，

熟悉公司产品进行国标以及国际标准的贯标和执行，能在职责范围内按工艺流程编写程序、调试，以及维护并及时存档，针对现场问题提出改进方案。

实施现场工程师育人工程，校企联合培养现场工程师，有效化解企业急需紧缺技术岗位人才不足这一难题，助力提升员工数字技能，促进企业技术进步及良性发展。围绕实施高端装备制造现场工程师培养，在推进学校招生考试评价改革、打造双师结构教学团队等方面，探索形成现场工程师培养的实践经验、培养标准和育人模式，促进学校专业教学及服务地方能力的提升。

（二）校企联合实施现场工程师培养现场工程师重点举措

1. 校企联合实施现场工程师人才培养

校企共探“2345”现场工程师项目协同育人机制，以“精操作、懂工艺、会管理、善协作、能创新”等特征能力为培养目标，共同研制现场工程师项目培养方案、构建岗位模块化课程体系。将新技术、新工艺、新方法和新标准等产业元素有机融入专业教学，联合开发教学资源。实施双导师制教学，培养企业急需的现场工程师人才。

2. 制定灵活的招生考试及考核评价方式

校企共商考试招生办法，明确智能制造技术现场工程师职业能力测试要求、内容和形式；明确每年淘汰累计比例不少于总人数的10%。再按退出人数等额选拔，学生经过基本能力测试合格后，进入订单班学习。同时，企业制定职业能力评价结果与入职定岗定级定薪挂钩的参考标准，确定企业课程考核与企业薪酬对应标准，激发学生的学习主动性和积极性。

3. 打造双师结构教学团队

完善《“双导师”教师管理办法》，制定“双导师”等级认定标准，并出台等级晋升的相关激励措施及“双导师”的考核与奖惩细则。聘请企业导师担任企业课程负责人，严格按培养方案实施教学，完成对学徒岗位技术技能的考核和成绩评定，协助资源建设、创新大赛指导、项目攻关等工作，促进省级教学名师工作室建设上台阶。

4. 提升员工数字技能

组织机器人“1+X”证书制度试点，三维设计、可编程逻辑控制器（PLC）控制技术等培训，开展自动化工程师认证等，为周边高校、企业及社会再就业人群提供职业技能培训及鉴定、职业技能竞赛等社会性业务。积极探索海外留学生班招生和线上线下培训方式，服务企业海外应用市场的拓展。

（三）校企联合实施现场工程师培养现场工程师具体措施

1. 创新校企协同育人机制

（1）政校企联合成立协同育人共同体。组建现场工程师联合培养共同体理事会，盐城工业职业技术学院为理事长单位，江苏长虹智能装备股份有限公司为副理事长单位，产业上下游企业为理事单位。现场工程师培养项目实行校长负责制，由智能制造学院院长担任本项目组长，江苏长虹智能装备股份有限公司总经理担任副组长，项目组长和副组长将在理事会授权职责下对项目进行管理和运作。并设立学生培养委员会，负责行业产业链对接、专业发展规划完善、共同制定专业建设方案、研讨修订人才培养方案，全面参与现场工程师人才培养。

（2）合作主体主要职责。现场工程师联合培养计划共同体，对接地方人才政策，争取政府支持，统筹合作过程中的各种资源。

江苏长虹智能装备股份有限公司主要负责选派指导师傅，提供学徒岗位，审议、联合学校制定人才培养方案，实施对学徒的考核与对指导师傅的考核，发放学徒补贴等。

学校负责“人文素质”及专业基础技能的教学，负责学生的日常管理，安排一定资金支持项目运行、发放企业指导师傅补助和提供必要的业务指导等，对《“智能制造学院”政校企合作开展现场工程师联合培养协议》进行完善，进一步细化政校企三方的职责、分工与义务。

（3）工作制度。建立专门的现场工程师订单班管理机构，制定管理流程，健全管理制度（表 3-1）。建立严格的培训和准入制度，加强对学生的工程实践教育。建立学校、企业和学生家长经常性的信息通报制度。规范学生档案管理，加强监督检查，保证现场工程师培养工作健康、安全和有序开展。

表 3-1　现场工程师订单班管理制度

环节	名称
管理制度	《现场工程师培养日常教学管理暂行办法》 《学生实习管理制度》 《“双导师”教师管理办法》 《现场工程师校企联合招生管理办法》 《现场工程师专业教学督导管理办法》 ……

续表

环节	名称
教学过程文件	《现场工程师教学计划》 《现场工程师教学教案》 《现场工程师“双导师”聘任审批表》 《现场工程师双导师互聘共培合作协议》 《现场工程师人才培养方案的指导性意见》 ……
考核评价	《现场工程师课程考核指导意见》 《现场工程师第三方评价考核办法》 《现场工程师导师教学质量评价表》 《现场工程师学徒实习考核制度》 《现场工程师准员工实习考核制度》 《现场工程师准员工转为员工（毕业）制度》 《现场工程师学生实习召回制度》 ……

2. 签订联合培养协议

校企双方协商签订现场工程师培养协议，明确工作岗位、用工人数、岗位职责、关键任务，确定校企双方的职责与分工，成本分担机制等内容，落实企业职工教育经费用于学徒培养和员工职业教育。通过校、企、生（家长）三方或四方协议、合同保障各参与方的权利与义务。

（1）学校在现场工程师培养中的主要职责。

①对专业进行调研分析，充分认识专业培养目标，分析所具备的条件，制定需要培养的具体内容及主要技能，做好现场工程师项目教学的人才培养方案及专业教学计划。

②鼓励教师到企业进行在岗工作，并和企业师傅进行充分交流，把企业实践经验带回学校，进行专业调整和课程改革，增加与企业需求相适应的课程内容，改革实施适应现场工程师项目的课程，使之适应现场工程师项目教学。

③改革管理方式和手段，构建适合现场工程师项目的课程评价、学生评价、教师评价等管理体系。

④重新分配教学课时，为教师在校内外完成项目和企业合作，以及为学生从事实习活动创造条件。

⑤学校为企业技术人员提供课时酬金，每年为企业培训员工不少于80人次，为企业开展技术服务、招工提供便利条件。

（2）企业在现场工程师培养过程中的主要职责。

①向学校、教师、学生、家长准确传达现场工程师岗位的要求，包括学生现在及将来的发展规划。

②积极配合学校共同研制人才培养方案和培养模式，参与学生技能训练和学生评价。

③委派优秀的技术骨干担任学生的导师。

④遵循教育规律和相关法律法规，安排合适的岗位和生产任务。

⑤建立学生成长档案，作为录用毕业生就业的依据。

⑥提供实习现场工程师学徒每月生活补贴，并购买实习保险。

⑦出台激励政策，调动企业中为现场工程师培养有关的管理、教学人员的积极性。

（3）学生和家长在现场工程师培养项目人才培养过程中的主要职责。

①家长配合学校做好学生的思想工作，帮助他们消除顾虑，积极引导并支持学生到企业进行实践。

②学生应按照学校和企业共同制定的培养方案，积极学习和实习，自觉遵守学校和企业的规章制度，履行相应的职责，在企业实习期间要严格遵守企业安全规章制度。

3. 共同确定人才培养目标定位

根据江苏长虹智能装备股份有限公司设立的现场工程师学徒岗位，围绕培养目标要求，校企双方共同商定学徒岗位的专业知识、职业能力、职业素质等具体目标定位是适应高端装备制造业升级改造对机电类人才的新需求，将机电理论知识学习与企业工程实践锻炼相结合，发挥政府、企业、高校多方优势，面向高端装备设计、制造及生产管理等过程中的实际问题，培养掌握智能制造技术现场工程师基础知识和技能，具有较强的工程实践能力和工程研究及创新等综合能力，具有解决现场工程问题的初步能力，拥有家国情怀、职业道德、团队精神和终身学习意识的高素质应用型人才，实现学生培养与企业需求的有机结合。

4. 联合研制人才培养方案

基于岗位工作内容提出相应的能力需求，校企共同研制现场工程师人才培养方案。由校企联合成立智能制造技术现场工程师团队，联合培养现场工程师项目专业团队，进行多方调研论证，明确现场工程师培养目标定位和培养标准。

按照职业目标和职业能力，开发典型的岗位课程。首先根据专业所需要的知识结构、职业技能、企业岗位工程综合能力、人际交流与沟通能力等要求设计教学目标，确定培养环节；其次以现场工程能力为导向，优化专业课程结构，强化 CAD 绘图能力、智能设备集成应用、现场管理、智能制造综合实训和创新活动训练，项目化教学 3 年不断线，提升学生解决复杂工程问题的能力。

培养方案课程具体模块为：公共素质通识教育模块 41 学分，基本职业能力课程模块 31 学分，机械产品设计方向课程模块 14 学分，机械制造方向课程模块 16 学分，电气工程技术方向课程模块 15.5 学分，职业拓展课程模块（含顶岗实习及毕业设计）28 学分。

5. 共同构建专业核心课程体系

机械工程师和电气工程师岗位能力与支撑课程对照见表 3-2，校企共同构建基于岗位能力的模块化核心课程体系。根据学生两类典型岗位工作任务，以问题为导向，确定 6 大毕业设计方向，分别明确相应的技术方法，通过真实情境，岗学相结合完成毕业设计，提升学生岗位综合能力。

表 3-2　岗位能力与支撑核心课程对照表

岗位	应知能力要求	应会能力要求	考核标准	训练场所	支撑核心课程
电气工程师	1. 理解单相、三相电路原理 2. 了解各种类型电动机的工作原理 3. 理解交流电机的控制原理 4. 掌握 PLC 编程的基本方法及常用指令含义	1. 能熟练安装照明电路 2. 能正确熟练地进行企业电气控制接线 3. 能正确进行供电二次接线 4. 能对一般电路故障进行排查与检修 5. 能进行机电设备的 PLC 编程、调试与应用维护	• 电工中级考工、低压电工安全上岗证、维修电工高级 • 企业岗位技能考核	校内工业中心 公司车间	• 机床及 PLC 控制技术 • 工业控制网络技术 • 电气控制系统安装与调试综合实习 • 工业机器人编程与维护 • 智能产线运行维护综合实习

续表

岗位	应知能力要求	应会能力要求	考核标准	训练场所	支撑核心课程
机械工程师	1. 理解制图国家标准和其他有关规定 2. 掌握常见零件的表达方法，零件图的识读、简单机械装配图的识读 3. 利用AutoCAD及三维绘图设计产线机械图与安装示意图 4. 数控基础编程及机床加工能力 5. 能够使用基础测量工具检测 6. 根据图纸编制工艺加工路线及工艺文件	1. 绘图能力：手绘及用绘图软件绘制平面图形、零件图、装配图 2. 测量能力：目测或用常用测量工具测量仿机械零件或零件结构尺寸等 3. 能对一般机械零件进行数控编程加工 4. 具备机电设备相关设备维护保养能力	• 高级绘图员 • 企业岗位技能考核	• 校内工业中心 • 公司车间	• 机械设计 • 机械设计课程设计 • 互换性与测量技术 • 机械产品三维创新设计 • 机械制造技术 • 液压与气动技术 • 数控编程与加工技术 • 机电设备维护与管理 • 生产实习1 • 三坐标检测技术

6. 联合开发课程教学资源

（1）课程建设。紧密结合行业和社会需求，兼顾知识要素与生产要素，将人工智能技术、生产执行系统（MES）管理技术等新技术融入课程建设与实施过程。发挥产业教授的突出作用，校企共同制定课程标准，共同开发教学内容、教学资源、教学平台，共同研讨教学模式、教学方法，实现课程标准与行业标准相融合。建设完善“机械设计”“机床及PLC控制技术”等校企共建5门项目化课程，开发“智能产线运行维护综合实习”“机械设计课程设计”“机电设备维护与管理”“MES管理技术”等企业课程5门，专门用于学生企业生产实习阶段的学习，实现与校内学习的有效衔接。

（2）教材建设。为保证教学内容前瞻性和先进性，教材建设紧扣高端装备制造业发展前沿，及时融入行业新技术、新工艺及社会需求新变化。拟出版《现代电气控制系统安装与调试》《数控编程与加工》等产教融合型教材；针对企业课程模块、定制课程，采用真实且有代表性的工程案例，编写《MES管理技术》《智能产线运行维护综合实习》《智能制造系统》等岗位培训手册、活页教材 5 部。

（3）实习实训资源建设。依托共建企业先进技术平台，建成智能制造协同创新中心、长虹涂装智能产线实践教学基地和工业软件学习实践基地，为学生学习、实习实训提供数字化设计与加工、智能制造产线装调等训练环境，专业学习与岗位培训无缝接轨。

（4）数字教学资源平台建设。积极利用信息化手段提升学生自主学习能力，借助中国大学 MOOC、学习通、爱课程等平台，由专业教师和产业教授对最新的工程资料与案例进行归纳与整理，不断更新迭代课程资源，为学生提供最新、最优的线上学习资源，提升课程知识容量。校企双方组织专门人员编写活页式工作手册和项目化实训教材，建设线上网络课程。建设周期内，为便于教学和培训，结合实训环境改造，开发建设“工业机器人编程与维护”“MES 管理技术”“智能产线运行维护综合实习”等数字教学资源 5 门。搭建学生实习平台，实现对学生实习环节的在线评测、对接、动态跟踪和实时督导。

7. 创新教学组织形式

为促进理论与实践相结合，课程设置以“一课一小设计、一期一综合”为框架，综合性项目结合企业生产任务，采用集中培训、岗位学徒的形式组织教学。

根据项目课程各单项技能特点，配置学校与企业导师，校企轮转训练场所。企业培养主要包括课程学习、实习与设计。课程包括嵌入企业资源课程、培训课程、企业课程（企业文化、智能产线运行维护综合实习、现场安全管理、MES 管理、机械系统数字化设计等）和创新创业课程；实习包括认识实习、企业生产实习和毕业实习等；设计包括部分课程设计（机械课程设计等）、毕业设计等，企业培养学时占总学时的 36.3%（表 3-3）。

表 3-3　企业独立承担课程情况表

序号	企业课程	课时	授课形式	教学地点	企业导师（师傅）	进度安排
1	机械系统数字化设计生产实习 1	96	集中培训 岗位师带徒	机械设计研究所、项目设计室	×××	第 3 学期
2	机械加工生产实习 2	96	岗位师带徒	数控加工中心车间	×××	第 4 学期
3	三坐标检测技术	16	集中培训	检测中心	×××	第 4 学期

续表

序号	企业课程	课时	授课形式	教学地点	企业导师（师傅）	进度安排
4	机电设备维护与管理	48	集中培训岗位师带徒	产线车间	×××	第5学期
5	智能产线生产实习3	96	岗位师带徒	产线车间	×××	第5学期
6	毕业设计	96	岗位师带徒	电气研究所、机械设计研究所	×××	第5学期
7	MES管理技术	16	集中培训	公司培训室、现场车间	×××	第5学期
8	智能制造系统	16	集中培训	公司培训室、现场车间	×××	第5学期
9	现代企业管理	16	集中培训	公司培训室、现场车间	×××	第5学期
10	顶岗实习	240	岗位师带徒	电气研究所、机械设计研究所、生产车间、项目设计室等	×××	第6学期

8. 推进招生考试评价改革

校企共同商定考试招生办法，明确职业能力测试要求，根据岗位人才标准和要求，制定技能测试主要内容和形式，提出选拔对象、标准要求和技能测试主要内容和具体形式。

（1）出台联合招生相关制度。出台《盐城工业职业技术学院、江苏长虹智能装备股份有限公司智能制造技术现场工程师学徒培养招生管理办法》，双方共同制定联合招生政策和实施细则，联合制定考试内容，组织笔试、面试，建立学籍档案和学徒档案。

由学校牵头组建多方合作招生工作组，完善招生录取与企业用工一体化的招生制度，共同制定、实施现场工程师订单班招生方案。

选拔在新生入学正式上课前完成，按照《盐城工业职业技术学院江苏长虹智能装备股份有限公司智能制造技术现场工程师学徒培养招生管理办法》规定的班级人数，在同类专业学生中选拔学生进入订单班学习。与江苏长虹智能装备股份有限公司共同实施人才培养，学校、企业和学生等各有关方依法签订协议，组建订单班。

（2）制定招生考试方案。智能制造技术专业生源主要有两类——高中毕业生和中专生。招生的方式有统考、中职注册及自主招生。针对不同生源，实施“文化素质+职业技能”考试招生办法。

针对高中生源，主要以“文化素质”考核，可以参考高考成绩，分数相同者，以理科（物理分）优先排序。

针对中职生源，根据企业岗位对人才需求，确定现场工程师的主要对应二类岗位，分别为机械工程师岗、电气工程师岗，根据岗位能力要求，设计1~2个对接企业的综合项目，根据项目特点，对接职业资格证书考证、大赛规程等标准，采用“职业技能”考核方式（表3-4）。

表3-4　面向中职生源招生的主要技能考核要求

岗位	技能	主要内容	考核形式
机械工程师岗	机械设备的设计、制造、安装、调试和维修	掌握机械制图、机械加工等基础知识，能熟练操作车、钳等工种	车钳工技能考核
电气工程师岗	电工接线、布线基本技能	掌握电工接线、布线基本操作技能，并对常见故障进行分析与排除	电工技能考核

9. 打造双师结构教学团队

（1）明确企业导师教学职责。

①建立健全企业导师的选拔、培养、激励制度。建立30人兼职教师库，加强对企业导师的培训和指导，使其尽快成长为优秀双师型教师。明确企业导师的责任和待遇，企业导师承担的教学任务要纳入考核，并可享受相应的工资津贴。

②促进企业导师教学水平的提升。第一，完善管理制度，选拔优秀的企业工程师。第二，组织企业导师进行教学能力提升专题培训和辅导；第三，开展专业研讨会、日常课堂教学管理、学生考评等问题教研活动；第四，共建教材混编队伍，企业资源分享，共同编制校本实训教材；第五，共同研究现场工程师培养模式、创新考核等主题课题。实施“六个一”培养计划：参加一次学术交流；开发一门培训学材；开发一门培训项目；指导一组学生；培训一项技能；完成一个项目。每年根据教学运行规律，按每月2次教研活动要求（表3-5）。

表3-5　企业导师教研活动计划

月份	地点	参加人员	活动内容	组织形式
3~4	学校	项目组成员、任课教师	课程教学常规学习、听评课	专业组/线下公开课

续表

月份	地点	参加人员	活动内容	组织形式
5~6	企业	项目组成员、专业带头人、核心课程负责人	岗位需求和能力调研	智能制造学院/问卷调查、网络、实地走访
7	学校	专业带头人、课程负责人等	培养方案论证	智能制造学院/线下研讨会
8	学校/企业	项目组成员、任课教师	规章制度、教学管理、学生管理、科研管理等规范学习	学校/集中培训；智能制造学院/线上培训
9	学校	教研室主任、工作室负责人、校内外导师	教育教学理念、教学方法、教学能力提升、考核方式等	智能制造学院/线上培训
	学校/企业	课程组成员	企业资源转化、校本教材开发	课程组/线下研讨
10	学校	项目组成员、任课教师	公开课/听评课	智能制造学院/教学观摩
		工作组成员、订单班学生、企业导师	学术交流	企业导师/线下讲座
11	企业	教学团队	基于工作过程的教学项目开发	培训师/现场交流
		任课老师	教学设计能力提升	智能制造学院/经验分享会
12	学校	企业导师	教学项目开发	智能制造学院/研讨会
		项目组成员、双导师成员	教学反思，创新教学模式	专业组/交流会

（2）强化学校导师实践能力。根据学校《教师下企业实践管理规定》，双导师校内专业教师根据现场工程师学徒班课程建设、教学实际，利用每年寒、暑假时间在企业的生产和管理岗位顶岗实习、兼职或任职、参与员工培训、企业产品研发和技术创新等企业实践。根据教学实践和教研科研需要，每人按年度制定企业实践方案，确定教师企业实践的重点内容，解决教学和科研中的实

际问题。

实践内容主要包含了解企业的生产组织方式、工艺流程、产业发展趋势等基本情况，熟悉企业相关岗位职责、操作规范、技能要求、用人标准、管理制度、企业文化等，学习所教专业在生产实践中应用的新知识、新技术、新工艺、新材料、新设备、新标准等。

校内外教师以“师师”“师徒”对接方式，与企业导师一样实施“六个一”实践要求：对接一个设备学会一种操作、对接一个赛项获得一本证书、对接一组学生指导一期毕业设计、对接一个岗位开发一门资源、对接一个团队申报一个项目、对接一个部门跟踪一项工程（表3-6）。

表3-6 专业教师企业工程实践活动计划

序号	课程项目	学校导师	企业实践类型
1	智能产线运行维护综合实习	×××	大赛指导、跟岗实习、企业产品研发
2	工业机器人编程与维护	×××	大赛指导、跟岗实习、考级培训
3	机电设备维护与管理	×××	跟岗实习、参与员工培训
4	数控编程与加工	×××	大赛指导、跟岗实习、考级培训
5	机械产品三维创新设计	×××	跟岗实习、企业产品研发和技术创新
6	生产实习1	×××	下企业实践、跟岗实习
7	顶岗实习	×××	跟岗实习、企业产品研发
8	毕业设计	×××	跟岗实习、企业产品研发
9	MES管理技术	×××	参与员工培训
10	智能制造系统	×××	参与员工培训
11	现代企业管理	×××	参与员工培训
12	创新创业教育	×××	参与员工培训、企业产品研发和技术创新

（3）制定双导师管理制度。制定《现场工程师培养项目校企双导师教学规范和标准要求及考核办法》《企业导师课酬实施办法》《学校教师到企业进行岗位实践、参与企业技术攻关的薪酬标准》《现场工程师培养项目工作量计算办法》。将学徒导师工作业绩纳入教师绩效考核，校内导师考核合格后作为职称评审的重要依据。给企业导师发放聘书，定期召开表彰大会，企业导师考核合格后作为晋升和提拔的重要依据等。

现场工程师培养订单班双导师工作量取方案课时的1.2倍，双导师制教学课堂分为校内为主企业为辅、企业为主校内为辅、企业为主三种类型。企业导师担任课堂教学任务，主辅教学工作量结算比例为1∶3，报酬按职称或职务在70～100元之间结算，特殊技术教师课时标准一人一议，最高200元/课时。年终企业导师学生测评优秀者，奖励2000～4000元。企业导师参与创新创业大赛指导，获得省级一等奖，奖励5000元；国赛一等奖，奖励50000元。参与项目研发，获得专利授权、基金项目等，按学校科研奖励办法给予奖励。

鼓励教师深入生产一线岗位，参与当地企业工程实践，累计每年2个月以上，每个月报销差旅费1000元。参与技术攻关，指导学生每完成一项申报书、专利申请书、论文等编写奖励200元，立项或录用后除规定经费外再根据级别配套500～3000元。

10. 创新考核评价方式

智能制造技术专业实施现场工程师联合培养现场工程师，紧密围绕江苏长虹智能装备股份有限公司紧缺技术岗位的机械工程师、电气工程师需求，针对汽车及航空航天领域的涂装、总装、焊装系统集成的产品设计、生产制造、安装调试、试验试制、现场管控、设备运维和售后服务等一线岗位，校企联合，共同培养精操作、懂工艺、会管理、善协作、能创新的现场工程师。

主要对应二类岗位，分别为机械工程师岗、电气工程师岗，根据岗位能力要求，设计1～2个对接企业的综合项目，根据项目特点，对接职业资格证书考证、大赛规程等标准，采用实践过程考核、技能考核大赛及考证等多种方式（表3-7）。

表3-7 岗位考核评价方式

岗位	技能	主要内容	考核形式
机械工程师岗	机械设备的设计、制造、安装、调试和维修	掌握机械制图、工艺设计、材料力学等知识，能熟练应用Pro/E、AutoCAD等设计软件；熟悉机电产品开发流程、相关标准规范	• 过程性考核 • 工信部CAD等考证 • 数控加工技能竞赛
电气工程师岗	自动化系统设计、制造、安装调试与维修	掌握PLC控制技术、传感技术等知识，能够独立完成电气控制系统安装与调试，合作完成系统集成，并对常见故障进行分析与排除	• 工信部PLC考证 • “1+X”机器人集成考证 • 电气控制系统中级考证

建立灵活的进入退出动态机制，实行学分互认。建立理论考核与实践考核相结合、学校考核与企业考核相结合、过程性考核与终结性考核相结合、教学评价与导学评价相结合的多元评价机制。出台《盐城工业职业技术学院现场工程师选拔和退出管理办法》，在1~5学期末，根据退出条件，对不适应订单班学习的学生实行强制退出，退出的学生人数累计比例一般为标准班人数的10%。根据退出条件让部分学生退出订单班，再按退出人数等额选拔相同相近专业的学生，经过基本能力测试合格后，进入订单班学习。

建立评价结果、证书与学生入职定岗定级薪酬对接机制。由《岗位能力标准》测得学生能力的企业等级证书，人社部职业资格证书、省级以上大赛获奖证书，作为入职定岗定级转正的参考依据。

三、关于高职院校实施现场工程师的建议

（一）建立良好的政策引导环境

政府部门应搭建企业与院校之间的桥梁，鼓励企业参与现场工程师人才培养模式的实施。政府应出台一系列激励政策，推动典型高职院校先行试点现场工程师，并根据这些试点经验进行总结和推广。

（二）营造企业参与职业教育改革的新环境

政府、学校及其他相关部门应共同创造有利于企业参与职业教育改革的环境。通过制定相关制度和法律文本，明确学校、企业、行业组织和学生的责任、权利和义务，推动现场工程师的发展。同时，政府应建立激励机制，鼓励企业参与职业教育，学院则应紧密对接企业需求，将企业的职业能力要求融入人才培养目标体系。

（三）重视第三方服务机构的重要作用

第三方服务机构具有强大的技术支持和企业资源。利用这些机构可以有效解决企业参与度低、学生参与度低、学院资源不足等问题。这些机构能够挖掘优势资源，弥补学院资源的不足，并发挥桥梁作用。同时，它们还可以提供客观的评价和质量控制，促进企业和学校对学生培养过程的监控。

（四）引导校企合作的内涵发展

校企合作是高职院校人才培养的关键途径之一。各级政府和行业机构应给予高职院校充分的办学自主权，推动企业接纳学徒制员工的政策和制度建设，增加对企业的资金支持或税收减免。通过校企合作、第三方机构的质量监控与评价，以及政府政策和制度保障，促进高职院校的内涵发展。

四、现场工程师育人模式的考核评价

为了更好地培养现场工程师，提高其职业能力和竞争力，以适应不断变化的市场需求，由校企联合设计创新现场工程师育人模式的考核评价方式，使其更符合职业能力培养和实际操作，以确保学生和员工的职业能力得到有效的评价和提升。

（一）校企联合设计和创新教学考核评价方式

提出校企联合设计和创新教学考核评价方式的理念。学校和企业可以共同制定教育培训方案，将课程设置与实际业务需求相结合，让学生在学校学到的知识直接与实际工作相联系。同时，采用实习、实训、项目等方式，让学生在实践中不断提升职业能力。

（二）制定职业能力考核评价标准

在考核评价方面，可以制定职业能力考核评价标准，明确考核内容、考核方式、考核标准等，对学生的职业能力进行全面评估。考核内容可以包括专业技能、工作态度、团队协作能力等。考核方式可以包括笔试、面试、实操、实践项目等，以确保考核结果的科学性和客观性。

（三）明确评价主体、评价方式

在评价方面，可以明确评价主体和评价方式。评价主体可以包括教师、企业导师、评委等，通过多方评价，确保评价结果的公正性和客观性。评价方式可以包括评分、排名、评级等，以确保评价结果的精准性和可比性。

（四）明确评价结果及运用方法

在评价结果方面，可以明确评价结果及运用方法。评价结果可以分为优秀、合格、不合格等级别，以确保评价结果的区分度和可操作性。评价结果可以用于学生毕业证书的评定、企业录用和岗位晋升等方面，以实现评价结果的有效运用。

（五）明确淘汰比例和动态择优增补机制

在考核评价方面，可以明确淘汰比例和动态择优增补机制。淘汰比例可以根据实际情况确定，以确保项目的严格性和实效性。动态择优增补机制可以根据项目实际情况不断调整，以确保项目的灵活性和适应性。

（六）制定职业能力评价结果与入职定岗定级定薪挂钩的参考标准

在评价结果方面，可以制定职业能力评价结果与入职定岗定级定薪挂钩的参考标准。将职业能力评价结果与企业的招聘、晋升和薪酬制度挂钩，可以更好地激励学生积极学习和提升职业能力。

参考文献

[1] 廖坤畑．高职院校现场工程师试点实施困境与解决策略［J］．中国多媒体与网络教学学报（中旬刊），2021（4）：43-45.

[2] 霍倩倩．高职院校实施现场工程师的现状与对策研究［J］．科技风，2023（30）：94-96.

[3] 潘健．高职院校实施现场工程师的现状及完善路径研究［J］．教育信息化论坛，2023（3）：30-32.

[4] 傅爱斌，王刚，黄大喜．高职院校现代学徒制实施中的问题与对策：以湖南生物机电职业技术学院为例［J］．现代职业教育，2021（49）：234-236.

[5] 陈清胜，栗聖凯，郭菲，等．现场工程师全面推广的问题及对策研究［J］．现代职业教育，2020（26）：58-61.

[6] 刘兰兰．高职院校现场工程师试点现状与对策：基于对某高职院校现代学徒试点的现状调查［J］．南方农机，2019，50（23）：197，206.

[7] 李俊强．高职院校现场工程师人才培养模式的现状与发展对策［J］．现代职业教育，2019（6）：110-111.

[8] 张彦宇，陈庆，肖茜．浅析高职院校试行现场工程师的现状、困境及对策［J］．当代教育实践与教学研究，2016（9）：156.

[9] 李桂付．江苏高职教育试行现代学徒制的理论与实践：以盐城工业职业技术学院物流管理专业为例［J］．科学咨询，2015（41）：150-152.

[10] 姚月琴，赵红军，顾琪．技能学徒模式下人才跨界培养体系的研究与实践：以盐城工业职业技术学院为例［J］．南方职业教育学刊，2018，8（6）：18-22.

[11] 贲能军，严国军，姚月琴，等．现场工程师背景下构建技能人才培养办法分析：以高职智能制造技术专业为例［J］．教育教学论坛，2021（46）：161-164.

第四章　高水平专业群金师团队建设研究

高等职业教育是高等教育的重要组成部分，而高层次人才队伍建设是高职高专院校的立校之本和发展之源，建设一支具有高素质、高水平的人才队伍，尤其是一支能满足高等职业教育需求的具有高水平专业知识、实践技能、教学能力及创新能力的人才队伍是当前高职院校发展过程中亟须解决的难题。高职院校实施科教融汇的主体核心是教师，教师的科研与教学水平对科教融汇的实施情况具有直接影响，因此，打造一支高水平的师资队伍成为新时代高职院校的一个重要命题。鉴于此，盐城工业职业技术学院现代纺织技术专业为深化产教融合，科教融汇赋能高水平跨国企业混编师资队伍建设，依托现代纺织服装产业学院，充分发挥全国纺织职教联盟和省级技术转移中心的优势，推动教师团队专业化发展，提升教师的信息化执教能力、教学和科研水平，做科教融汇的践行者，为科教融汇背景下高职院校的金师队伍建设提供范式研究。

第一节　校企混编师资队伍建设

2018 年 2 月，教育部等六部门印发《职业学校校企合作促进办法》文件，旨在促进产教融合、校企合作。解决职业教育与企业需求脱节，组建校企混编团队是重要的举措。校企混编团队还能够使高职教师与企业员工彼此优势互补，共同育人也是深化产教融合、科教融汇的一大重要举措。

一、高水平校企混编师资团队的建立

（一）校企深度合作，推动双向互通

要建设高水平的混编师资队伍，应先加强校企深度合作，建立互利共赢的合作机制。从学校中选取优秀的教师加入混编教师团队，并对这些教师进行专项培训，包括对企业实践知识、团队协作等方面进行培训。同时，鼓励教师参加行业会议、研讨会、去企业挂职锻炼等活动，提升实践能力。学校通过与地方纺织行业龙头企业江苏悦达纺织集团有限公司，共建实验室、技术研发中心

和创新实践基地，推动科研成果的快速转化。同时，学校从企业中选拔具有丰富实践经验和良好教学能力的专业技术骨干或管理精英，选拔过程应注重对候选人的实践经验、专业知识、创新能力、沟通能力等方面的考查，作为混编教师团队成员，担任兼职教师或项目指导专家，将最新的企业实践和行业需求融入教学中。这种双向的人员交流，不仅可以有效提升学校教师的实践能力，也能促使企业及时掌握最新的科技动态和教育趋势，形成双方的良性互动。

（二）引入外部专家，构建多元师资结构

校企混编师资队伍的优势在于它的多元性和灵活性。除了依靠学校教师和江苏悦达纺织集团有限公司技术人员的参与，还可以引入外部行业专家、科研院所的学者，以及技术咨询公司的人才。这些外部专家不仅带来了不同领域的专业知识和实践经验，还能够为企业的转型升级提供跨学科的创新思路。通过构建由高校教师、企业专家、外部顾问组成的多元化师资队伍，可以有效拓宽教学视野，提升教学内容的前瞻性和实践性，最终为地方企业提供更加精准的技术指导和智力支持。

（三）强化师资培训，提升教学与实践能力

要确保混编师资队伍的高水平运作，必须加强对教师和企业技术人员的专业培训。首先，学校可以定期组织教师到企业进行实践锻炼，使其了解企业的实际需求和生产流程，提升其解决实际问题的能力。其次，企业技术人员也需要接受教育学和教学方法的培训，帮助他们更好地将企业中的实际经验转化为系统的教学内容。此外，通过设立跨学科、跨领域的培训机制，可以提升混编师资队伍成员的综合素质，使他们能够在复杂的教学和实践任务中游刃有余。

（四）搭建共享平台，推动信息与资源整合

混编师资队伍的建设需要一个高效的信息与资源共享平台。通过搭建校企信息共享平台，各方可以实时交流行业动态、技术需求和科研成果。同时，这一平台还可以作为师资队伍的协同创新平台，推动学校、企业和社会各界共同参与的创新项目。例如，利用大数据、人工智能等前沿技术建立线上教学与实践数据库，帮助混编师资队伍在教学和科研中共享资源，实现知识和经验的有效整合。

二、高水平校企混编师资团队的资源整合

随着科技快速进步和产业结构的不断优化，地方企业面临着不断变化的市场需求与竞争压力。企业的转型升级不仅依赖技术革新，还需要具备实践经验

和理论基础兼备的高素质人才。为适应这种新形势，学校与企业之间的深度合作日益成为培养创新型、复合型人才的重要手段。通过资源整合，建立高水平的校企混编师资团队，可以实现教育资源与产业需求的高度契合，为企业发展和人才培养提供强有力的智力支持。

在这一过程中，资源整合是校企混编师资团队建设的核心，通过校企之间的协作，可以形成教育、科研、实践三位一体的复合型团队，在有效提升学校教育与科研水平的同时，也为企业提供技术与管理支持。本文将从六个方面详细探讨如何实现高水平校企混编师资团队的资源整合。

（一）校企资源整合

校企资源整合是高水平混编师资团队建设的基础。学校和企业各自拥有的资源，只有通过有效整合，才能发挥最大效用。

1. 人员资源的整合

学校教师通常拥有丰富的理论知识和科研经验，而企业技术专家和管理人员则拥有丰富的实践经验和行业视角。通过校企混编师资团队建设，可以将两者的优势互补。企业可以派遣技术骨干或管理人员进入学校进行兼职授课，学校则可以安排教师进入企业进行实习实践，了解企业的实际运作模式和行业需求。在这一过程中，教师不仅能够提升自己的实践能力，企业人员也能够通过教学提升自己的理论水平和表达能力。

2. 物质资源的共享

学校拥有丰富的实验设备、图书馆资源和科研设施，企业则拥有先进的生产设备和实际的生产环境。通过校企合作，学校和企业可以共享这些资源。例如，企业可以将部分生产线作为学生的实习基地，学校则可以将实验室开放给企业进行新技术的研发与测试。此外，校企双方还可以共建技术研发中心或实验基地，共同开展前沿技术的研究与开发，实现资源的高效利用。

3. 信息与技术资源的共享

在信息化时代，信息和技术资源的整合显得尤为重要。校企合作可以通过共享数据库、信息平台和科研成果，促进信息与技术的双向流通。企业可以及时了解学校的科研进展，学校也可以通过企业反馈了解行业最新需求与技术趋势，这样可以有效避免科研与市场脱节，提升技术成果转化的效率。

（二）搭建合作平台

为了促进校企资源的有效整合，搭建一个高效的合作平台是至关重要的。该平台不仅是资源共享的枢纽，也是校企双方沟通协作的桥梁。

1. 校企合作联盟与协同创新中心

校企合作联盟和协同创新中心可以作为校企合作的载体，通过该平台，学校和企业可以共同制定合作计划，明确双方的责任与义务。同时，协同创新中心可以定期组织学术论坛、行业研讨会等活动，为校企双方提供一个交流和展示科研成果的机会，从而推动理论与实践的双向互动。

2. 信息化管理平台

信息化管理平台是校企合作的重要工具，借助现代化的数字技术，校企双方可以在线上完成资源共享、项目管理和成果跟踪等工作。例如，建立一个专门的校企合作管理系统，双方可以在系统中共享课程资源、科研资料和项目进展情况，教师和企业技术人员还可以通过该平台实现远程协作，有效提高工作效率。

3. 创新创业孵化基地

创新创业孵化基地是学校和企业联合打造的合作平台，特别适合培养创新型人才。学校可以为学生和教师提供专业的技术指导和创业培训，企业则可以为项目提供资金支持和市场资源。通过这样的孵化机制，能够有效促进技术创新和科研成果转化，同时为企业培养未来的技术和管理人才。

（三）教学与研发结合

高水平混编师资团队的一个重要任务是将教学与科研有效结合，以促进创新型人才的培养和科研成果的转化。

1. 科研反哺教学

学校的科研成果应及时转化为教学内容，使学生能够接触到最前沿的技术与理论。通过校企合作，教师可以将企业的实际需求和行业技术前沿融入课堂教学中，企业技术人员也可以将自己参与研发的实际项目带入课堂，与学生分享自己的经验和体会，这样可以有效缩短学生从学习到实践的时间，提高教学的实际效果。

2. 教学驱动科研

在一些前沿技术领域，科研需要扎实的理论支持和大量的人才投入。通过将科研项目融入教学环节，可以有效地将学生的学习兴趣与科研需求结合起来。例如，学校可以在实验课程中引入企业的实际问题，学生通过参与这些项目，不仅能够提高自身的实践能力，还能为科研提供新的思路和方法。同时，校企混编师资团队中的企业专家可以通过指导学生的科研项目，推动研发工作的深入开展。

3. 科研成果转化为生产力

科研的最终目标是为社会生产力服务。通过校企混编师资团队的建设，科研成果可以更快、更有效地转化为实际生产力。例如，企业可以在技术研发中充分利用学校的科研资源和专业知识，快速解决生产中的技术难题。与此同时，学校也可以通过企业反馈，了解科研成果的实际应用效果，进一步调整和优化研究方向。

（四）团队建设活动

一个高效的校企混编师资团队，不仅需要优秀的个体，还需要通过多种团队建设活动提升协作能力，形成一个有机整体。

1. 定期研讨与培训

定期组织校企双方的人员进行学术研讨和行业培训，有助于提升团队成员的专业素质和协作能力。研讨会可以围绕当前行业的热点问题和最新技术展开，企业和学校的专家可以共同讨论解决方案，互相分享各自领域内的最新研究成果。通过这种方式，校企人员不仅能够开阔视野，还能为未来的科研和教学提供新的思路。

2. 跨学科协作

混编师资团队的一个重要特点是其成员有不同的学科背景，通过跨学科协作，可以产生更多的创新思路。例如，信息技术、工程技术与管理科学等学科可以通过协作解决企业的实际问题。在跨学科团队的合作中，不同学科的人员可以充分发挥各自的优势，通过相互补充和支持，推动技术创新和管理效率的提升。

3. 团队文化建设

团队文化的建设对于混编师资团队的长期发展至关重要。校企混编师资团队成员来自不同的机构，拥有不同的工作习惯和文化背景，因此需要通过建立共同的价值观和行为准则来增强团队凝聚力。例如，通过定期举办团队建设活动，如拓展训练、文化交流活动等，可以增进团队成员之间的了解与信任，提升团队的协作能力。

（五）成果评估与反馈

对校企混编师资团队的工作成果进行及时评估和反馈，能够有效提升团队的工作效率，保证合作项目的高效推进。

1. 建立科学的评估体系

校企混编师资团队的评估标准应涵盖教学效果、科研成果、技术转化率和企业效益等多个方面。通过设立科学的评估体系，能够全面评估团队的工作成果。例如，可以对科研项目的技术成果进行量化分析，评估其对企业生产效率和市场竞争力的提升情况；教学成果则可以通过学生反馈和企业用人单位的反馈进行评估。

2. 定期进行项目审查

对正在进行的项目定期审查，能够及时发现问题并进行调整。例如，团队可以设立季度或半年度的项目进展报告会议，对项目的进展情况进行总结和反思，确保项目按计划推进。同时，通过企业和学校的双向反馈，校企混编师资团队可以根据实际情况调整工作内容和目标，确保科研和教学任务顺利完成。

3. 收集和分析学生反馈

学生的反馈是评估混编师资团队教学效果的重要依据。通过收集学生的学习体验和对课程的评价，团队可以了解教学内容的实用性和课程安排的合理性。例如，如果学生反映课程内容与实际生产脱节，团队可以根据反馈调整课程设计，使其更贴近企业需求。

（六）持续改进与发展

高水平的校企混编师资团队的建设不是一蹴而就的，持续改进与发展是确保其长期发挥作用的关键。

1. 根据反馈不断调整与优化

根据评估与反馈结果，校企混编师资团队应不断进行调整与优化，以确保教学与科研工作的高效性和适应性。在长期合作过程中，学校和企业的需求、行业发展趋势和技术变化都在不断更新，因此校企混编师资团队的工作内容和合作模式也需要进行动态调整。

动态调整教学内容。根据企业反馈和行业变化，教学内容应及时更新，以反映最新的技术趋势和市场需求。例如，随着人工智能、大数据等技术在企业中的广泛应用，学校需要不断更新课程，以确保学生在毕业时能够掌握这些新兴技术。

动态调整科研方向。科研应当紧贴行业前沿，及时对研发项目进行优化与转型。例如，团队可以根据市场反馈或技术瓶颈，调整科研方向，集中力量解决企业面临的关键技术问题，确保科研项目具有实际应用价值。

2. 加强师资队伍的持续培训与发展

持续的专业发展是保证师资队伍保持高水平的关键。无论是学校教师还是企业技术人员，都需要不断更新自身的知识和技能，以应对快速变化的技术和行业需求。

校内外培训相结合。学校可以为企业专家提供现代教育学方法的培训，提升他们的教学水平和教学效果。同时，企业可以为学校教师提供专业技能培训和行业实践机会，使他们更深入地理解行业需求和技术发展。

国际化视野的培养。随着全球化的深入，企业竞争力越来越依赖于国际化的技术和管理经验。校企混编师资团队应积极参与国际合作与交流，学习国外的先进经验和技术。通过海外培训、国际会议等形式，不断拓宽团队的国际视野。

3. 建立长效合作机制

要确保校企混编师资团队的可持续发展，必须建立稳定、长效的合作机制。这种机制不仅应包括合作协议的签订，还应包括定期的战略对话、项目规划和经费支持。

校企签订长期合作协议。学校和企业可以签订长期合作协议，明确双方的权责和合作内容，确保合作项目的持续推进。这些协议可以包括人才培养、科研合作、成果转化等方面的内容，确保合作具有法律和制度保障。

设立专门的合作经费。企业和学校可以共同设立专项资金，用于支持科研项目、师资培训、学生实习，以及创新创业活动。这些资金的设立能够确保合作项目获得持续的资源支持，不受资金短缺的影响。

4. 培养新生代混编师资队伍

为了确保校企合作的可持续发展，需要积极培养新生代的混编师资队伍。通过引入青年教师和企业中青年技术骨干，让他们参与到合作项目中，确保师资队伍的年轻化与活力。

建立校企联合培养机制。学校可以与企业联合培养硕士、博士研究生，让这些年轻学者参与企业的实际项目，增强他们的实践经验。同时，企业技术人员也可以通过与学校合作，完成硕士或博士学位的学习，提升他们的理论水平和创新能力。

导师制与合作指导。混编师资队伍可以通过导师制方式，将企业技术专家与学校教师联合起来，共同指导学生项目和科研课题。这不仅可以加强企业与学校的交流合作，还能够为年轻的教师和企业骨干提供学习和成长的机会。

通过校企资源整合、搭建合作平台、教学与研发结合、团队建设活动、成果评估与反馈、持续改进与发展等六个方面的有机结合，高水平的校企混编师资团队不仅能够推动地方企业的转型升级，还能够培养出符合市场需求的创新型人才，助力地方经济高质量发展。资源整合的过程不仅是技术和知识的融合，更是校企双方在长期合作中不断适应变化、创新发展的动态过程。通过这一过程，校企双方能够实现互利共赢，共同推动产学研结合的深化发展，为社会经济的可持续发展贡献力量。

三、高水平校企混编师资团队的成功案例

（一）新型纺纱校企混编团队

1. 专业和课程建设

（1）作为来自企业、具有近 30 年一线生产技术经验的现代纺织技术专业骨干教师和省教育厅现代纺织重点专业群项目建设重点成员和主要骨干，成功申报了省级品牌建设专业和省级实训平台，并主持申报立项省联合技术转移中心等多个专业质量工程建设项目，实践了“岗位引领，学做合一”的人才培养模式，实施了基于典型职业岗位的课程体系；参与完成了江苏省特色专业的建设，参与申报并建设了省现代纺织重点专业群建设项目和省示范院校的重点专业建设，创新并实践学院与工业园区、行业协会的合作，校园（会）合作的全新校企合作模式成为高职示范建设典型案例得到同行肯定。获得“纺织之光”中国纺织工业联合会纺织高等教育教学成果奖一、二、三等奖多项。

（2）作为专业骨干带头人之一，全程参加了 2013 年启动建设的省示范院校建设及验收工作，为重点专业建设跃上新台阶积极奉献，专业支撑学校 2016 年以优异成绩顺利通过了省示范建设验收。2015 年参加组织现代纺织技术专业申报并通过了江苏高校品牌专业建设工程立项，2016 年参加组织申报并通过了省高职教育产教深度融合实训平台项目“绿色智慧纺织服装云实训平台”立项建设，均获得了省级财政建设资金资助。参与策划申报“柔性智能可穿戴产品智造典型生产实践项目”获 2023 年江苏省职业教育校企合作典型生产实践项目立项。

（3）对接江苏悦达纺织集团有限公司等 7 家企业校企共建了中国纺织服装人才培养基地 7 个，牵头组织教师参与江苏南纬悦达纤维科技有限公司、江苏中恒纺织有限责任公司等企业开发省级新品科技成果十多项。牵头对接多家企业开展员工技能提升培训鉴定。

（4）主持立项建设主编了“教学做一体化”省教育厅“十三五”高等学校重点教材和高等院校部委级规划教材 1 部；主持申报立项建设省联合技术转

移中心1个，参加申报成功省级优秀科研团队1个，参与策划并成功申报立项江苏高校“青蓝工程”优秀教学团队1个。

（5）针对高职专业课程教学做一体化、项目化实训教学的要求，主持实施了新型纺纱仿真实训多功能细纱机技术改造、整浆联织造工艺设备改造等多项实验实训设备提升改造工作，支撑教学科研效果显著，得到专家肯定；主要参与中央财政支持的纺织服装实训基地建设，制定了“双元文化”一体的校园职场化示范实训基地建设方案；提出以企业真实检测项目设计各分检测室，实现了纺织检测中心资源整合，参加制定实施了纺织服装云实训平台申报建设方案；作为“新型纺纱产品开发与工艺设计”课程团队的主要骨干，以工学结合为基础，创新教学方法，提出了“企业项目任务书导学”的教学模式，实施课程教学效果明显。

2. 科研

（1）第一完成人，全国行业发明专利金奖和市政府发明专利金奖第一发明人，盐城首届双创大赛一等奖获得者。

（2）先后组织完成省级以上科技成果10多项，获市级以上科学技术奖十多项，其中国家科技进步奖三等奖1项，省科技三等奖1项，全国纺织工业科技二等奖1项，市科技一等奖1项、二等奖4项。组织实施国家及省级星火和火炬计划项目3项，省苏北技术创新引导资金项目2项，省产学研前瞻性合作研究项目1项。在全国率先组织推广运用了“两高一低”上浆新技术，获全国棉纺织行业“高压上浆新技术推广奖”。申请授权各类专利50余件，在国际SCI收录期刊、国内核心期刊等发表论文60多篇。熟悉计算机应用与实用软件开发技术，取得国家专业质量认证审核培训证书。

张教授带来的不只是企业的研究课题，更重要的是重实践、重应用、合作无间的作风。这种作风落实在教学上就是研究成果、企业项目入课堂。在重实践氛围的熏陶下，学校实现了创新创业教育的全覆盖，在省级以上职业技能大赛和各类专项活动竞赛中，参赛获奖率超过90%。

3. 团队教学成果（表4-1、表4-2）

表4-1　团队教学成果

获奖年度	获奖项目名称	奖励部门
2013年度	江苏省高校《纺织材料检测——纱线捻度检测》微课教学比赛三等奖	江苏省教育厅师资培训中心

续表

获奖年度	获奖项目名称	奖励部门
2014 年度	全国高职高专院校学生面料设计技能大赛一等奖优秀指导教师	中国纺织服装教育学会等
2014 年度	江苏省优秀毕业设计团队奖：《汽车内饰板用天然高性能植物系列纤维增强复合材料的力学与隔声性能研究》	江苏省教育厅
2015 年度	盐城市第二届大学生创业创意项目大赛二等奖："芯活力纳米科技创新项目"	盐城市人力资源和社会保障局
2016 年度	全国纺织服装教育教学成果一等奖：《基于仿真实训的传统细纱机智能化改造及其应用实践》	中国纺织工业联合会
2016 年度	纺织高等教育教学成果奖二等奖："基于校企双主体办学体制下现代纺织专业群人才培养模式研究与实践"	中国纺织工业联合会
2016 年度	教学成果奖三等奖：基于"岗位引领、做学教创"的《新型纱线产品开发与工艺设计》课程系统化开发与应用	中国纺织工业联合会
2016 年度	教学成果奖一等奖：实施三大工程，建设德技兼修、科教互哺省级双优团队的研究与实践	盐城工业职业技术学院
2016 年度	教学成果奖二等奖：基于"技能菜单"专业实训云平台的探索与实践	盐城工业职业技术学院

表 4-2　团队发表论文

题目	出版社或发表刊物
Effect of direction of blowing air on morphology of nanofibers by bubbfil spinning	THERMAL SCIENCE，2016，20（3）1016-1017 DOI：10. 2298/TSCI1603016Z2016 年
A modified stanton number for heat transfer through fabric surface	THERMAL SCIENCE，2015，19（4）：1475-1477 DOI：10. 2298/TSCI150707113Z2015 年
Controlled release of antibiotics encapsulated in the electrospinning poly lactide nanofi brous scaffold and their antibacterial and biocompatible properties	2014. 02　SCI 源期刊（英国皇家物理学会旗下期刊）Materials Research Express，2014（2） ISSN：2053-1591
麻赛尔多组分混纺纱及其交织物的生产	棉纺织技术，2014（6）
锦葵茎皮纤维/聚丙烯复合材料的力学与隔声性研究	玻璃钢/复合材料，2014（11）
不同阻燃面料的开发及其性能对比研究	上海纺织科技，2015（3）

续表

题目	出版社或发表刊物
柳皮纤维的化学脱胶工艺探讨	上海纺织科技，2015（2）
有机棉/木棉/澳毛聚绒混纺纱的生产实践	毛纺科技，2016（1）
聚绒纺技术的研究现状及其发展方向	上海纺织科技，2015（11）
纯精梳落棉纺制 18.5tex 细特转杯纺纱的工艺实践	现代纺织技术，2016（1）
梳棉自调匀整装置在纺纱质量控制中的作用	棉纺织技术，2017（1）
传统细纱机的智能化改造及其生产实践	上海纺织科技，2017（2）

（二）建设产业教授工作站，打造国家级创新教学团队

1. 建设产业教授工作站，实施团队活力激发工程

依托产业，以“四有教师”为标准，以高水平专业群带头人和产业教授为领军、骨干教师为主力军、青年教师为生力军组建产业教授工作站，开展新产品研发、技术技能迭代更新、人才培养规格定位等各项工作。制定工作站绩效考核标准，全面促进教师在课程改革、资源建设、科学研究、实践技能、社会服务等方面取得显著进步。通过团队混编和绩效激励，全面激发团队活力，新申报 2 名省产业教授，实现一个专业一位产业教授，获批省级人才项目 5 人次，获省级以上教学能力大赛奖项 3 项，力争打造 1 个国家创新教学团队。

2. 产业教授领军，实施专业带头人“三提升”工程

以专业群企业带头人戴俊等一批具有产业教授、集团总经理双重身份的高端人才为领军，借助其技术优势，帮助专业带头人提升专业建设、技术研发与推广等业务能力；借助其管理优势，帮助专业带头人提升组织领导、规划执行等管理能力；借助其敬业精神，帮助专业带头人培育师德师风和工匠精神。专业带头人通过产业教授的牵线搭桥，参与技术类、管理类研讨交流不少于 10 次，开发省级新产品 10 件，完成省产学研合作项目 5 项。

3. 拜师产业教授，实施“四个一”行动计划，提升专任教师的双师双能素质

专任教师每人拜师一位产业教授或工匠名师，学习专业技术，传承工匠精神，落实教师全员企业轮转制度，完成“四个一”任务，即“解决一项生产问题，练熟练透一项技能，完成一项横向课题，转化一个产品（案例）为教学素材”。在“四个一”行动计划期间，实现人均企业实践 6 个月以上，工程

师占比50%以上，技师以上职业资格占比80%以上。

4. 完善产业教授推荐制，实施“四项任务”，提高兼职教师的教学能力

发挥产业教授在企业的人力资源优势，建立完善兼职教师产业教授推荐制，推荐能工巧匠作为兼职教师，建设数量充足、结构合理的兼职教师库。实施兼职教师“四项任务”，即“主持开发一个岗位，学习一个教学理论，参与实践一个教学模式，参与改革一门课程”，实现承担的专业课程学时比例达到45%以上。

（三）秉承“精、全、够”的原则，校企共同整合项目教学资源

“精、全、够”是指《新型纱线产品开发与工艺设计》课程的项目内容设置不需要面面俱到，重要的是精选现阶段纺织企业或检测机构中经常触碰的纺纱工艺和使用的检测技能内容，使其能覆盖全岗位所需技能，学生学完后能满足今后的工作岗位需求，完全没必要让学生学会所有的纺纱知识，这样会适得其反，形成“需要的没学精，不需要的也没学到位”的现象。基于此，团队成员前往校企紧密型合作企业如江苏悦达纺织集团有限公司、盐城市纤维检验所，以及苏南大型纺织企业（如无锡市第一棉纺织厂有限公司）、权威的检测机构（如江苏中纺联检验技术服务有限公司）进行检测工作岗位的调研，形成“新型纱线产品开发与工艺设计”课程新的教学项目与建设标准，项目化教学内容的设置完全满足纺纱企业和纱线检测专业对人才的需要。构建“教学+科创+技能大赛”协同体系，开展“新型纱线产品开发与工艺设计”课程信息化改革与实践，使学生学会从事纺纱和检测工作必备的理论知识，具备一定的分析问题和解决问题的能力，最终达到本课程培养纺织高技能专门人才的目的。

（四）生物质功能纺织纤维智能纺织品设计开发

生物质功能纺织纤维表面一般有沟槽结构，毛细效应可将皮肤表面的汗液迅速吸收、转移和蒸发。通过织物多层结构设计和不同纱线配置的方法，使织物内外层纤维间产生毛细效应附加压力差，织物响应外界环境变化（人体产生汗液），汗液从织物内层（贴肤面）迅速扩散到织物外层（非贴肤面、扩散层），并且水分难以从织物外层向内层传导，形成结构型“由内向外”单向导湿排汗的智能产品。

此外，利用生物质功能纺织纤维比表面积大、毛细管效应强、吸湿性能好、对水分比较敏感的特性，将桑皮纤维、锦葵纤维等材料混纺到织物中开发产业用智能纺织品，用于工业场所水分渗漏快速测试。相关研究成果 *Design and fabrication of a flexible woven smart fabric based highly sensitive sensor for conductive liquid leakage detection* 在英国皇家化学学会旗下国际知名期刊 *RSC Advances* 公开发表。

第二节　科教融汇赋能师资队伍职教出海研究

教育对外开放是教育现代化的鲜明特征和重要推动力。在“一带一路”倡议的指引下，中国职业教育“走出去”呈现蓬勃发展之势。研究以专业群跨国现代学徒制的“海外技术专业中心”“鲁班工坊”“郑和学院”为例，从人才培养和专业建设两个方面探索高职院校海外办学路径，师资队伍开展产教融合、教育国际化活动，培养国际化人才，促进国际化人文交流。研究聚焦“一带一路”共建国家相关专业领域的技术需求和相关企业的用人需求，开展国际化人才培养和技术技能培训工作，打造专业标准资源等具体办学措施，可为推动中国职业教育“走出去”提供实践样板，进而更好地服务“一带一路”建设。

一、高职院校师资队伍国际化建设研究意义

（一）有利于专业建设国际化

师资队伍国际化是提升高职院校教学国际化水平的关键。国际化师资能够引入国际先进的专业教育资源和教学方法，为学生提供更广阔的学习视野和更丰富的学习体验。同时，还能够结合国际前沿知识，更新教学内容，使教学更加贴近实际、更具前瞻性。通过与国际接轨，专业建设标准将统一，教学模式将逐渐规范化。

（二）引进国际先进教育理念

国际化师资队伍能够带来国际先进的教育理念，为高职院校的教育改革提供新的思路和方向。这些理念有助于推动高职院校在课程设置、教学方法、教学制度、教学内容、教学手段、评价体系等方面进行改革创新，提升整体办学水平。在“一带一路”背景下，高等职业教育国际化的任务是保持开放的心态，尊重不同文化和教育理念，吸收借鉴其中的精华成分，同时保持本国教育的优势和特色，进而培养具有国际视野、跨文化沟通能力和专业技能的高素质人才。教学任务设计者和实施者的能力水平会直接影响教学质量的高低。通过让教师和管理者参与各种国际交流项目，并接受与教育理念更新和教学方法改

革相关的培训，能够使教育改革模式与国际标准接轨，提升教师的能力水平，逐步向国际水平靠拢。

（三）高职院校人才培养模式国际化

高职院校的人才培养模式国际化已成为提升教育质量、培养具备国际视野和创新能力高素质人才的重要途径。人才培养模式涵盖了学生学习的所有内容、培养步骤和方式。要有效开展高职院校的教育工作，必须围绕人才培养模式设定教学目标、方法、内容及考核形式，构建完善的质量保障体系和平台。

师资队伍的国际化有助于促进高职院校与国外高校及行业的交流与合作。通过了解国际先进的职业教育标准，并结合本地特色，将学校的优势和人才培养模式与这些标准相融合，优化资源配置，探索适合自身发展的道路和模式，而不是盲目照搬。在此基础上，找到各专业培养模式的依据，使教学设计更加合理，使教学安排和人才培养模式更好地契合国内高职院校学生的需求。

（四）高职院校人才管理模式国际化

中国职业教育在国际教育界有着重要的地位和影响力，因此在全球职业教育的发展和建设中，我国职业教育需要与国际领先的院校深入合作，同时在这一过程中展现中国职业教育的独特魅力和实力，提供具有中国特色的解决方案。通过加强国际化师资队伍的建设，与国外先进院校开展人才交流、合作办学及联合培养，吸收先进经验，并将其转化为自身办学的国际化创新管理模式。

借鉴国际先进高职院校的教学管理经验，分析并明确自身与国际领先院校之间的差距和问题，整理问题清单，依据清单逐步开展工作和管理模式的标准化建设，推动管理理念的深度渗透，激发全体教师的主人翁精神，使院校管理逐渐走向规范化和标准化。

（五）培养学生国际竞争力，服务地方产业

师资队伍国际化对于培养学生的国际竞争力至关重要。国际化师资能够为学生提供与国际接轨的教育环境，帮助他们了解国际规则和文化，提升他们的跨文化交流能力。同时，国际化师资还能够引导学生参与国际项目、竞赛等活动，锻炼他们的实践能力和创新精神，为他们的未来发展奠定坚实基础。高职院校作为地方经济发展的重要支撑力量，其师资队伍的国际化建设对于服务地方经济国际化具有重要意义。国际化师资能够结合国际市场需求，为地方产业发展提供人才培养、技术研发等方面的支持。同时，他们还能够通过国际合作与交流，为盐城区域纺织企业拓展国际市场提供有力帮助。

二、加强跨国企业师资队伍建设

（一）聘任有留学文化背景的教师

为了培养具有国际竞争力的人才，高校首先需要建立一支由跨国企业专家与高校教师共同组成的高水平国际化师资队伍。目前，我国高校教师的国际化水平普遍较低，这已成为制约高校国际化进程的主要问题之一，同时也是地方高校推进国际化办学的重要障碍。通过加强与其他地区高校和国际学校的联系，积极寻找有特殊文化背景的教师。高职院校人才培养模式国际化策略中，聘任有专业文化背景的教师是一个非常重要的环节。这一举措有助于丰富教学内容、提升教学质量，并为学生提供更多元化的学习体验，从而培养出具有全球视野和跨文化交际能力的高素质人才。

首先，有专业文化背景的教师通常具备独特的学术视角和文化观念，能够带来新鲜的教学理念和教学方法。他们可以结合自身经历和文化背景，为学生展示不同文化的魅力，激发学生的学习兴趣和好奇心。同时，这些教师还能够促进不同文化之间的交流与融合，帮助学生培养跨文化交流的能力。

其次，聘任有专业文化背景的教师有助于提升高职院校的教学质量和学术水平。这些教师往往具有国际化的学术背景和丰富的实践经验，能够为学生提供更加深入、全面的知识传授和实践指导。他们的加入不仅有助于推动高职院校的教学改革和创新，还能够提升学校的国际声誉和竞争力。

最后，有专业文化背景的教师还能够为学生提供更多的国际化学习机会。他们可以通过组织文化交流活动、参加国际学术会议等方式，为学生搭建与国际同行交流的平台。这些经历不仅有助于提升学生的综合素质和国际视野，还能够为他们未来的职业发展打下坚实的基础。

（二）教师参加国际化培训

教师参加国际化培训对于提升他们的专业素养和跨文化交流能力具有重要意义。这种培训旨在帮助教师拓宽国际视野，了解不同文化背景下的教育理念和教学方法。

在国际化培训中，教师们可以接触到先进的教育理念和教学技术，学习如何将这些理念和技术应用到实际教学中。同时，他们还可以与其他国家和地区的教师进行交流与合作，分享彼此的教学经验和心得，共同探索教育创新之路。

此外，国际化培训还有助于提升教师的跨文化交流能力。在培训过程中，教师们需要面对不同文化背景的学员和讲师，通过与他们进行交流和互动，教师可以更好地理解不同文化之间的差异和共通之处，增强自己在跨文化交流中的敏感性和适应性。

总之，教师参加国际化培训是提升他们专业素养和跨文化交流能力的重要途径，也是推动教育国际化发展的重要举措之一。希望越来越多的教师能够积极参与到这种培训中，不断提升自己的教育教学水平，为培养具有全球视野和跨文化交际能力的人才贡献自己的力量。

（三）国际化校企混编师资队伍的评价与激励机制

随着全球化进程的加快，国际化办学成为高等教育发展的重要趋势。为了推动国际化办学工作深入开展，提高办学部门和人员的积极性和创新能力，建立一套科学合理的评价与激励机制显得尤为重要。

1. 办学成果评价体系

建立全面的办学成果评价体系，是评价国际化办学部门和人员工作效果的基础。该体系应包括学术成果、国际合作与交流、学生培养质量、社会服务等多个方面。通过量化指标和定性评价相结合，客观公正地评估办学成果，为激励措施提供依据。

2. 人员绩效考核标准

针对国际化办学部门和人员的不同职责和特点，制定具体的绩效考核标准。这些标准应包括工作任务的完成情况、工作效率、创新能力、团队合作等多个维度。通过定期考核和绩效评价，确保人员工作目标的达成和整体绩效的提升。为国际化办学部门和人员提供明确的职业发展路径规划，帮助他们了解自身在职业发展中的定位和目标，提供更多的国外培训的机会。通过设定不同级别的职业阶梯和相应的发展要求，鼓励人员不断提升自身能力和水平，实现职业发展和个人价值的提升。

3. 奖励与晋升机制

建立与绩效考核结果相挂钩的奖励与晋升机制，激励国际化办学部门和人员不断追求卓越。对于表现优秀的部门和个人，可给予物质奖励、荣誉证书、晋升机会等。同时，确保奖励机制公平、透明，避免主观性和偏见。鼓励国际化办学部门与其他部门之间的跨部门合作，推动资源共享和优势互补。建立跨部门合作项目和团队，明确合作目标和任务分工。对于在合作中取得显著成果的部门和人员，给予相应的奖励和认可，激发跨部门合作的积极性和创造力。

总之，国际化办学部门和人员的评价与激励机制是推动国际化办学工作深入开展的重要保障。通过建立全面科学的评价体系和激励机制，激发部门和人员的积极性和创新能力，推动国际化办学工作不断取得新的成果和突破。

三、专业群国际化师资队伍的范式研究

（一）背景

目前我国经济已步入高质量发展阶段，产业结构转型、创新驱动成为新常态，国内纺织业面临着较大的生存压力。与此同时，“一带一路”倡议的提出及共建国家所具有的劳动力成本、土地价格、税费政策等优势，为国内纺织企业“走出去”创造了新的发展机遇。“走出去”的纺织企业所需的技术技能人才应主要来源于当地，但本土化人才技能水平不能较好地满足企业岗位能力需求，导致如天虹纺织集团、鲁泰纺织等一批“走出去”的纺织企业在国外的技术技能人才储备明显不足，迫切需要国内纺织类高职高专院校承担起培养国际化纺织人才的重任。

盐城工业职业技术学院纺织服装类高职教育自2015年9月充分认清自身在国际化人才培养方面存在的问题，并立项进行研究与实践，指出纺织服装类专业国际化办学没有与当前纺织服装行业的国际化转变有机结合在一起，培养的学生不能充分胜任国际型企业。因此，积极探索与“走出去”纺织服装企业的合作，一方面可以培养国内学生，为“走出去”纺织企业服务，另一方面也可以培养国外学生，产出一大批高素质技术技能人才作为企业的技术骨干与管理人才。

（二）成果指导方针

以国务院《关于加快发展现代职业教育的决定》和教育部等八部门《关于加快和扩大新时代教育对外开放的意见》为指引，策应“一带一路”高质量发展要求，服务本地优势纺织企业“走出去”需求，深化与天虹纺织集团有限公司（越南）的全域合作。

（三）成果建设目标

完善国际化纺织人才培养模式，实施跨国学徒制，优化课程体系，共建多元优质教学资源，建设一支国际化师资队伍，搭建技术技能积累国际化协作平台，建立基于“悉尼协议”的质量保障体系，培养胜任国际企业的技术岗、管理岗、贸易岗的“一精多会、一专多能”的高素质技术技能人才。

（1）构建“五维融通、四证融合”的国际化人才培养模式，通过多方协同育人，培养“文技并修”“通晓中外”的高素质国际化技术技能型纺织

人才。

（2）根据纺织产业转型升级对职业标准提出的新要求，优化课程体系，积极推行“三教”改革，加强专业数字化国际化教学资源建设。

（3）对照双师型教师标准，建设一支“国际影响大、学术能力优、文化包容强”的国际化师资队伍。

（4）创新校企协同创新机制，建立语言与纺织产业技术创新联合体，校企共建共享国际化、特色化和社会化的校内外实训基地平台，达到校企协作育人、协作研发、协作服务。

（5）参照国际工程教育认证标准，构建多元多层次教学质量监控和评价机制，保障专业人才培养质量、国际化成果建设目标。

（四）国际化师资队伍

1. 大力推进引智工作，全力赋能“团队+”协同关系

吸引美国北达科他州立大学教授/博士生导师、新加坡南洋理工大学客座教授、苏州大学博士生导师等具有国际影响力的专家学者组建“智慧纺织”“生态纺织”“时尚纺织”团队，成立“外国专家工作室”，通过组织教师参加世界纺织服装教育大会、国际纺织服装职业教育联盟大会、国际先进纺织科学技术学术交流与项目合作等活动，全方位指导团队教师开展国际化教科研工作，建成紧密型团队协作关系。

2. 鼓励教师境外研修，积极营造“国际+”人本环境

（1）多方联动创设平台，鼓励境外学历提升与专业研修。与乌克兰基辅国立大学签订联合培养博士协议，目前第一批次培养对象有 2 名教师已获得博士学位。依托国家和省级各类人才项目，积极鼓励青年教师赴世界一流大学、研究机构进行学历提升教育和高层次学术研修。目前专业教师赴境外进行博士学位攻读 4 人、访问学者学术研修 5 人。

（2）集中资源重点投入，有序开展境外研修与文化交流。集中资源，重点投入，有步骤、分层次地组织专业教师赴国外进行短期学习和培训，拓宽其国际视野，同时为学科建设营造国际化氛围，促进教师快速成长。近年来，专任教师赴德国、新加坡等地参加研修活动达 21 人次。

3. 中外学术交流

（1）邀请专家开设讲座，充分发挥“视野+”促进作用。近年来，学校通过“线上+线下”相结合的方式，先后邀请美国蒙莫斯大学史蒂芬·巴卡拉克（Stephen Bacharach）院长、美国普渡大学蔡利平教授、乌克兰基辅国立大学

佩德罗·别赫（Petro O. Bekh）教授等12名有国际影响力的专家来校开展学术交流，洽谈并签署多项合作协议，对学校扩展国际化办学思路、教师探索国际化教学实践起到了良好的促进作用。

（2）彰显博士教师水平，集中展现“精英+”学术影响。加强分类管理，支持具有博士学位的专任教师参加国际学术组织，扩大优秀教师的国际交流领域，提升专业国际知名度。专任教师王曙东受邀担任Juniper出版社推出的期刊*CTFTTE*的副主编。王曙东、马倩、张伟、周彬等教师应邀担任*Materials Science & Engineering C*、《国际机械科学学报》（*International Journal of Mechanical Sciences*）等知名SCI期刊审稿人。

（3）汇集各方优秀团队，促进产出“科技+”学术项目。以江苏省高校优秀科技创新团队为基础，组建专业教师科研团队，定期开展学术沙龙，活跃学术氛围，加大国际学术合作和交流支持力度，推进国际学术交流向全方位、多领域、高层次发展，积极营造良好的国际学术交流氛围。近5年现代纺织技术专业教师发表SCI论文37篇，参加生物医用纺织品、智能纺织品、纳米纺丝技术等各类国际学术交流的达16人次。

4. 国际化人才培养

（1）发挥专业培养特色，推广国际“融合+”教育实践。2017年与乌克兰马卡洛夫国立造船大学签订“1+3”服装设计与工艺本科联合培养协议；与江苏亨威标志服饰有限公司合作探索形成“多元文化融合”的国际学生“现代学徒制”人才培养模式，目前已完成两届服装设计与工艺专业本科国际学生联合培养，为现代纺织技术专业国际学生人才培养提供了宝贵的先驱经验。通过调查中外学生对专业知识、中华优秀传统文化学习的兴趣点，结合相应课程的教学目标和特点，进行教学设计，探索实施了将“校园文化、产业文化、传统文化、国际文化”相互融会贯通的选修课模式，将“融合+”的思路与方法运用到教学中，培养了具备“家国情怀、国际视野”的高素质人才。学生国际化职业素养明显提升，获全国大学生外贸跟单（纺织）暨跨境电商职业技能大赛团体一等奖2项，个人一等奖6项；近3年，先后选派7名优秀学生赴乌克兰、新加坡等国进行文化交流和学习；毕业生国际化就业能力逐年提升，近3年有26%的学生赴法国必维国际检验集团（BV）、天虹纺织集团等外企或跨国企业工作，学生培养质量受到业内好评。

（2）实施跨国学徒制培养，携手探索“成长+”培养模式。与天虹纺织集团有限公司（越南）率先开展跨国现代学徒制合作典范，校企共同建设“天虹纺织集团人才培养基地”与“盐城工业职业技术学院海外实训基地”，为天虹纺织集团培养纺织高技能人才，订单培养学历留学生。通过“校企（外企）轮转、师徒对接、双员一体”方式开展现代学徒制试点研究与实践，围绕职业能力递进培养主线，校企共同开发课程体系和制定人才培养方案，通过职业认知、企业项目真学真做、独立顶岗为主的“师徒对接、双员一体”教学过程，实现学生从学员到职员“无缝”过渡，教学过程与就业岗位、职业资格标准与教学内容“零对接”，已成为支撑天虹纺织集团在越南及海外项目的“人才本地化”发展的重要策略。

（3）关注学生适应能力，精心组织“体验+”文化活动。学校秉承以文化人、以美育人的培养理念，体验中华民俗文化、盐城绿色地域文化、优秀服饰文化，突出学校办学“国际范”，搭建留学生和中国学生友谊交流合作平台，健全留学生校内管理和活动“趋同化”运行机制。积极响应江苏省人民政府、江苏省教育厅、盐城市外事办等单位活动倡议，加强与校内学生社团合作，通过燃梦书画协会、烘焙社团、羽毛球社团、健身社团等，组织留学生参加书画、甜点制作、包饺子等体验活动，相关多维度的文化浸润活动极大地丰富了留学生的日常生活，实现了留学生自我服务、自我管理，提高了来华留学生综合素质，培养了一批“知华、友华、爱华”的友谊使者。

（4）共建海外培训基地，倾力提供“服务+”职业培训。与天虹纺织集团达成国际战略合作，帮助企业迅速建立本土化技术团队，并组建教师团队，通过校企双方开展多层次、多形式、多领域的合作，实现双方资源的有机整合和优化配置，在共同培养经济社会发展需要的人才的同时，也极大增强了学校教育教学的适应性。2020 年至今，盐城工业职业技术学院与天虹纺织集团在越南共建的“越南天虹纺织高技能人才培训基地”，开设了“纺纱技术”“织造技术”“染色技术”“测配色技术”等培训课程，已经完成相关专业技术指导培训 15 次，培训员工近 3000 人次，人才培训质量受到公司的高度认可。另外，在新冠疫情期间，通过定期与企业召开培训研讨会，以网络视频的方式与合作企业开展教学研讨，通过对授课设置情境、原理详解、透析机理、联系实际的整体流程梳理，更好地改进了学员参与学习的体验。

第三节　专业群“双师+双能”教师队伍建设

职业院校人才培养质量的提升，核心在于提升教师的职业化水平。“双师型”教师职业化是指教师具有丰富专业知识和教学经验，不仅拥有教育背景和理论知识，还具备行业、职业领域的实践经验和专业技能。“双师型”教师职业化要求教师以专业化为逻辑依托，以知行合一为后盾，指导其走上不断发展的道路。这种“双师型”教师的出现，意味着教育行业对于教师的要求更加多元化和专业化。产教融合和校企合作为国内高校“双师型”教师培养提供了广阔舞台，推动“双师型”教师队伍良性发展。

2019年，教育部等四部门印发《深化新时代职业教育“双师型”教师队伍建设改革实施方案》（教师〔2019〕6号），提出建设高素质“双师型”教师队伍是加快推进职业教育现代化的基础性工作。教育部、财政部等九部门联合印发《职业教育提质培优行动计划（2020—2023年）》指出推进职业教育“三教”改革，第一条便是提升教师“双师”素质，实施新一周期“全国职业院校教师素质提高计划”。上述两个文件，是新时代职业教育包括双师教育发展的行动指南。

一、科教融汇赋能高水平师资队伍建设的价值取向

（一）服务盐城区域纺织企业转型升级，助力发展新质生产力

利用盐城地区优良的原料、便利的交通，创建良好的产业数字化发展环境，统筹推进产业链上游纺织、中游印染、下游服装行业协同发展。借助政府力量，建立行业企业与高校科教融汇创新合作范式，充分利用数字经济促进教育要素、科技要素、创新要素、人才要素在高校与企业间的交流合作与协同创新。高校加强纺织服装师资队伍服务企业技术攻关能力，利用师资力量助力企业技术革新、产品开发。科教融汇将远程学习、研究和交流作为常态，深耕“产学研”模式，打造数据链、产业链、创新链、人才链相匹配的政校行企命运共同体，赋能地方传统行业焕发新质生产力。

（二）提升专业学生培养质量，厚植科教融汇人才培养沃土

随着经济和科技的发展变化，无论是技术型人才、实用型人才还是高技术人才，其本质都是将理论知识和岗位技能相结合，以服务企业、贴近就业为宗旨。从培养学生技术技能，提高学生岗位适应能力的角度出发，教师的教学水平和科研能力也要与时俱进，从事高等职业教育的教师队伍不仅要有较高的学术水平、丰富的专业知识，还要有符合生产实际的相关技能。这就需要建立一支既有企业实践经验又有较强专业教学水平的教学团队，才能够培养出更加适应新质生产力快速发展，符合企业对高技能要求的人才。

（三）深化课堂革命改革，推进职业教育教学三教改革

科教融汇是教育与科技的双向融合、双向赋能，高职高专院校不仅要在人才培养理念、人才培养模式上进行产学研校企合作，也需要将信息化、数字化的教学手段应用到教育教学全过程。将推动实施“三教”改革作为促进产教融合校企“双元”育人的重要抓手加以强调，以培养适应社会需求的高素质劳动者和技能人才，落实推进高水平职业院校建设。“三教”是教师、教材、教法的统称，故教师、教材、教法改革合称为“三教”改革。“三教”是教学建设的基本要素，而教师在“三教”改革中处于主导地位。“三教”改革与各级各类学校人才培养的各环节密切相关，是高等职业教育教学质量的“生命线”，更是深化专业内涵建设的切入点。

二、双师型教师的培养措施

（一）校企协同共建校内教科研平台，为双师型教师培养提供坚实保障

2010年，学校依托江苏省首批高等教育人才培养模式创新实验基地，携手全国百强企业悦达纺织集团，以现代纺织技术专业群为载体，通过政、行、校、企在纺织院校中率先成立企业学院——悦达纺织产业学院，开启了纺织职业教育办学模式改革的探索之旅。

悦达纺织产业学院建在盐城工业职业技术学院，建筑面积5000平方米，现拥有国家级纺织服装实训基地、国家纺织行业特有工种技能鉴定站、现代纺织虚拟仿真实训基地、江苏省绿色智慧纺织服装云产教深度融合实训平台、江苏省绿色智慧纺织服装云产教融合集成平台、江苏省新型纺织机电技术实训基地、江苏省工程研究中心、纺织品CAD设计中心、3D服装人体虚拟仿真中心、纺织商务线上模拟中心、纺织服装博物馆等实践教学平台或科普平台。

（二）贴近职场施教改，开展岗、课、赛、证融合改革

锚定悦达纺织集团转型升级现场工程师纺织人才需求，以岗位要求为导向，以课程体系为框架，以技能大赛为抓手，以“X”证书评价为参照，开展“岗、课、赛、证”融合课程改革，支持学生根据职业特质的差异选择岗位拓展方向模块，选择企业师傅作为职业导师，实施分层分类教学。出台《学分认定与替换办法》，允许将企业培训课程、假期实践等折算成课程学分，替代相近课程学分。重组基础、核心和拓展技能，打造与学生成才规律相符合、产教深度融合实训基地建设，充分体现校企文化渗透和融合，一方面通过实景教学中心，使学生充分体验企业真实生产环境，感受企业先进文化魅力；另一方

面，在课堂教学中融入企业文化元素，利用课堂教学对学生进行职业道德、悦达企业文化专题教育，同时将悦达纺织集团优秀企业家和员工的吃苦耐劳、创业进取、求实创新、团队合作和无私奉献精神作为学生成长的参照典范，培养学生良好的职业素养。

（三）贴近岗位施教学，构建“识岗、跟岗、顶岗”教学组织形式

依托现代纺织服装产业学院，实施教学内容项目化、教学组织阶段化和岗位训练轮转化的教学组织方式。校企指导教师共同制定课程标准，共同组织和管理学生实习实训，共同制定计划，企业提供设施设备、场地工位和劳动保障等，共同组织学生在企业师傅的指导下开展设备维修、运转操作、产品开发、工艺实施等岗位训练工作，实施工学结合——半天在学校开展岗位认知教学，半天在企业现场进行实践操作，企业完成课时要达到总课时的1/3，学生“识岗→跟岗→顶岗”，胜任产品设计、生产管理、质量控制、现代营销等岗位工作，形成了校企“双元主体、双重管理、双重评价”协同育人模式。

（四）构建“校中厂、厂中校”实训平台，实施线上线下混合教学模式改革

坚持教学观念上以学为主，教学目标上以提升能力为主，教学形式上以学生为中心，教学评价上以过程考核为主，利用专业群教学资源库和技能加油站，借助超星尔雅、职教云课堂、爱课程等数字平台，实施线上线下混合教学，推动课堂革命，形成职业教育“课堂革命”典型案例1个，立项省级教改课题2项、部委级教改课题5项。

（五）推进专业教师双师型论证，打造高水平优秀教科研团队

依托盐城市纺织职教集团建立校企人才双向交流机制，引入纺织服装企业内行业背景深厚、工作经验丰富、表达能力良好的技术人员、能工巧匠或技能大师加入师资队伍，弥补专业教师实践经验不足。定期选派专职教师赴国内纺织服装大型企业、高校、科研院所进行教学方法、教学技能培训，学习高职实训课程体系开发、国外职业教育先进经验和相关专业先进生产技术，以此推进职业教育对社会服务水平的提升，“双师型”教师的职业化程度也将提高。

产教融合背景下“双师型”教师承担着院校与企业、行业之间的纽带作用，“双师型”教师培养的有效进行，需要依托实训基地产业优势，围绕现代纺织服装产业链，集聚社会优质资源，进行纺织新产品、新工艺、新技术、新模式等研发推广，以招标的形式吸纳全国范围内的师生加盟研发，拓展师生的创新意识和能力，提升人才培养的核心竞争力。

三、专业群高水平师资队伍建设的范式研究

（一）对接“专业+产业”，建立专兼结合的师资队伍

建立学校与企业之间的教学合作机制，共同制定教学计划，开发课程标准，编写教材，组织实践教学等活动。定期组织团队建设活动，如兼职教师座谈会、教研项目研讨会、课程团队建设等，增强团队成员之间的凝聚力与合作精神。鼓励团队成员之间的交流与合作，促进教学成果、知识与经验的共享，形成良好的教研氛围。从企业中选拔具有丰富实践经验、技术技能强的企业人才作为学生实验实训、教学做一体化教学模式中的实操部分企业兼职教师，选拔过程中应注重兼职教师的专业知识、实践经验、创新能力、沟通能力等方面的综合考量。从学校中选取优秀的教师加入混编教师团队，并对这些教师进行专项培训，包括企业实践知识、团队协作等方面的培训。同时，鼓励教师参加行业会议、研讨会、去企业挂职锻炼等活动，拓宽视野，提升实践能力。针对兼职教师专业基础能力薄弱，学校出台激励政策，提高兼职教师授课课时费，提升兼职教师的授课积极性。实施兼职教师授课“四项任务”，提高企业兼职教师的专业教学能力。发挥产业学院合作企业的人力资源优势，建立完善企业兼职教师库，企业推荐能工巧匠、技能大师、高级工程师作为兼职教师，提供数量充足、结构合理的兼职授课教师。实施兼职教师执教能力“四项任务”工程，即“指导一个典型工作岗位，学习一项专业课程教学理论，参与实践一个实训岗位，参与改革一门课程”，兼职教师的授课课时数比例达 40% 以上。充分利用学校的教学设施、实验室等资源，为企业教师提供实践教学环境；同时，企业可提供先进的生产设备、技术案例等资源，丰富学校的教学内容。学校与企业可共享人才资源，企业专家可作为兼职教师参与学校的教学工作，学校教师也可参与企业的研发项目，实现人才的双向流动。

（二）发挥“名匠+名师”，打造校企混编优秀教学团队

基于全国职教示范联盟内的企业、学校合作平台，加强学校与企业之间的研发合作，聘请大国工匠、产业教授，以悦达纺织集团的一批产业教授、集团总经理作为企业领军人才，发挥企业名匠——产业教授领军作用，共同申报科研项目、规划教材、在线开放课程、资源库等。建立专业化的校企混编师资队伍管理制度，学校推行校院两级管理，成立校企共建共享专业教学委员会，以教学院长和企业产业教授为组长，每年召开专业教学研讨会进行人才培养方案编制和产学研合作研讨。

认真贯彻“人才是第一资源，创新是第一动力”的战略思想，强化省级双优教学科研团队建设，坚持以人才引进与培养为重点，积极形成专业教师人才梯队构建模式，吸引了一批学术造诣深、教学水平高的博士后等高层次人才担任科研平台负责人或专业带头人。发挥省教学名师、省青蓝工程中青年学术带头人、省级333高层次人才、博士的引领作用。实施高层次人才“三提升骨干教师”工程，提升骨干教师的教科研能力。借助其企业技术优势，帮助专业带头人提升人才培养能力、技术研发与推广等业务能力；借助其企业管理优势，帮助专业带头人提升组织领导、“纺织企业管理”授课等管理和执教能力；借助其企业文化，帮助专业带头人提升师德师风、思政教育和纺织文化传承能力。专业带头人通过产业教授的帮助引领，参与技术类、管理类专业研讨交流每年不少于5次，省级新产品鉴定5件，完成省产学研合作项目5项。

（三）坚持“科教+产教”，提升科教融汇的核心师资力量

坚持“产教融合、科教融汇”，依托国家级职教联盟，集聚资源优势，推动现代纺织技术专业与联盟内企业深度合作。依托省工程技术中心、省产教融合集成平台、省发改委军民融合平台，积极开展产品研发、科技攻关，促进科技创新成果孵化转化，助推本地产业集群转型升级。依托盐城产教融合研究中心，带动专业教师进行智库课题研究，为促进地方纺织产业发展提供决策咨询服务。鼓励教师在教学过程中引入企业的研发项目和实际案例，让学生在实际操作中掌握专业知识和技能。通过参与企业的研发项目，教师可以了解最新的技术动态和行业发展趋势，并将这些内容融入教学中，提高教学的时效性和针对性。

开展“青蓝工程”师徒结对活动，充分发挥优秀教师的“传、帮、带”作用，提高青年教师的科学研究与教育教学水平。

（四）锚定“双师+双能”，筑牢省级双优教学科研团队

“双师型”教师队伍是高职院校人才培养的关键因素，打造高水平的“双师型”教师队伍可以提升人才培养质量。现代纺织技术专业深化“产教融合、科教融汇”，致力于打造一支能够胜任高水平建设的高水平“双师型”教科双能师资队伍。依托纺织服装产业学院，构建以高水平专业带头人和产业教授为领军、骨干教师为主力军、青年教师为生力军的技能大师工作站。制定工作站绩效考核标准，全面促进教师在课程改革、资源建设、科学研究、实践技能、社会服务等方面取得显著进步。

通过团队混编和绩效激励，全面激发团队活力。推行“一师一企”专业

教师实践制度，青年教师利用寒暑假进行企业实践，考取技师、工程师等职业资格证书，骨干教师践行“解决一项生产问题，练熟练透一项技能，完成一项横向课题，转化一个产品（案例）为教学素材”的双师型教师任务，考取高级技师、高级工程师等职业资格证书。培养和造就一批在教学、科研等方面产生重大标志性成果的“双师型”教师，努力构建国家级教学团队。

（五）践行“思政+文化”，强化思想政治引领作用

以习近平新时代中国特色社会主义思想为指导，坚持“立德树人、德技并修”，推进全员全程全方位育人。实施党支部书记与专业带头人“双带头人”培育工程，发挥专业带头人“领头雁”效应，发挥党员教师作为骨干教师的先锋模范作用，强化思想政治引领作用。突出基层党组织政治引领作用，巩固和强化基层党组织战斗堡垒作用和党员先锋带头作用。实施支部书记“五个一工程”：服务一家企业、开发一个项目、解决一项难题、开展一次服务、拓展一家基地，发挥支部书记头雁作用。

创建“专业能师、实践匠师、厚德良师”“三师一体”团队。组织党员开展服务学生发展“四个一”工程：开展一次调研、指导一项大赛、跟踪一名学生实习、联系一名毕业校友，守好教书育人“责任田”，培养更多为中国式现代化挺膺担当的时代青年。

四、高水平师资队伍的可持续发展保障机制

为确保质量监控的权威性和公正性，学校实行了教学委员会、教务处和质控办三权分立的组织架构，充分发挥各自的决策、执行和控制职能。

学校成立了由校长领导的教学工作委员会，负责制定学校教学工作发展规划，包括培养目标、专业建设、课程体系和实验实训室建设规划，同时监督和指导教学工作；成立由分管教学院长担任组长、各职能部门和教学单位负责人参与的校院两级教学质量监控领导小组，负责日常教学监控；设立质量监控办公室，全面负责学校人才培养过程中教育教学、管理、服务等质量的监控与管理，进行教学、管理和服务的评价、指导、协调、评估、检查、考核、奖惩与反馈等工作。

学校还采纳纺织服装行业企业实践专家的建议，邀请校内督导和优秀学生代表共同制定和完善课程教学质量评价标准体系，构建了一个持续改进的动态闭环教学质量保障体系，形成了更加合理有效的监控与反馈机制，确保教学活动受到正确激励和引导，推动教学质量不断提升。

参考文献

[1] 张涛，冯雷鸣．培育和提升行业院校专业竞争力的探讨［J］．中国轻工教育，2014（5）：8-10，14.

[2] 教育部．职业教育专业简介（2022 年修订）［EB/OL］．（2022-09-05）［2024-04-20］. http://www.moe.gov.cn/s78/A07/zcs_ztzl/2017_zt06/17zt06_bznr/bznr_zdzyxxzyml/gaozhizhuan/qinggong/202209/P020220905398995850653.pdf.

[3] 赵为陶，张珂伟．高质量发展视域下纺织品检验检测行业人才供需问题探究［J］．纺织服装教育，2022，37（4）：303-307.

[4] 王成荣，龙洋．高职专业核心竞争力的评价与培育［J］．中国职业技术教育，2014（24）：90-93.

[5] 高迪，郑崇辉，吴家章．新工科视域下理工科研究生思想政治理论课建设路径创新研究［J］．大学，2023（18）：145-148.

[6] 李效武，任晓伟．习近平关于思想政治理论课建设重要论述的科学内涵与时代价值［J］．学校党建与思想教育，2022（19）：26-29.

第五章　高水平专业群金课建设研究

专业群按照“平台课程共享、核心课程分立、拓展课程互选”原则，实现“思政教育、劳动教育、科技创新教育”全覆盖，从横向和纵向两个维度创建“基础+核心+拓展”的岗、课、赛、证科创模块化专业群课程体系。针对国内学生，横向拓展课程的广度，实现专业群课程对纺织服装、检测、智能制造、国际贸易专业的技能大赛课程、创新创业课程、外贸课程全覆盖，分别培育学生的纺织服装专业素养、国际化视野和科学素养。纵向开拓课程深度，按照课程间的内在逻辑和知识体系的递进关系及人才培养规律打造高水平专业群金课课程。

第一节　专业群岗、课、赛、证科创课程体系

在专业群建设的过程中，课程体系的构建与实施是一个专业或者专业群的核心要素，而课程体系设计对人才培养的方向和质量、发挥校企“双主体育人”模式教学效果具有重要的意义，直接关系到学生对知识的掌握、对技能的运用以及职业素质的养成。

一、重构模块化课程体系

根据专业人才需求及专业群建设需要，组织纺织行业企业专家、高校专业带头人和骨干教师，以职业岗位能力分析为切入点，按照“纺织类企业人才需求调研、毕业生跟踪调查，确定纺织类专业群和职业岗位群，依托岗位群确定具体工作任务群，选取各岗位典型工作任务，分析其职业能力，提炼相应专业知识与职业技能，形成课程体系”的路径，以学生为中心，坚持“思政教育、劳动教育、创新教育”三个不断线，基于纺织专业群服务领域和群内各专业异同性分析，对接纺织设计生产、服装设计生产、产品质量安全认证、营销贸易等岗位任职要求，基于“平台共享、能力递进、持续发展”原则，以各岗位职业能力需求为依据，整合纺织类专业群课程体系，校企共同构建专业群课

程架构，并在课程内容中引入专业群内各专业的新技术和新工艺，以专业基础相同、专业技术共享的原则，突出核心职业能力培养主线，重构“平台课程共享、核心课程分立、拓展课程互选”的结构化专业群课程体系，如图 5-1 所示。

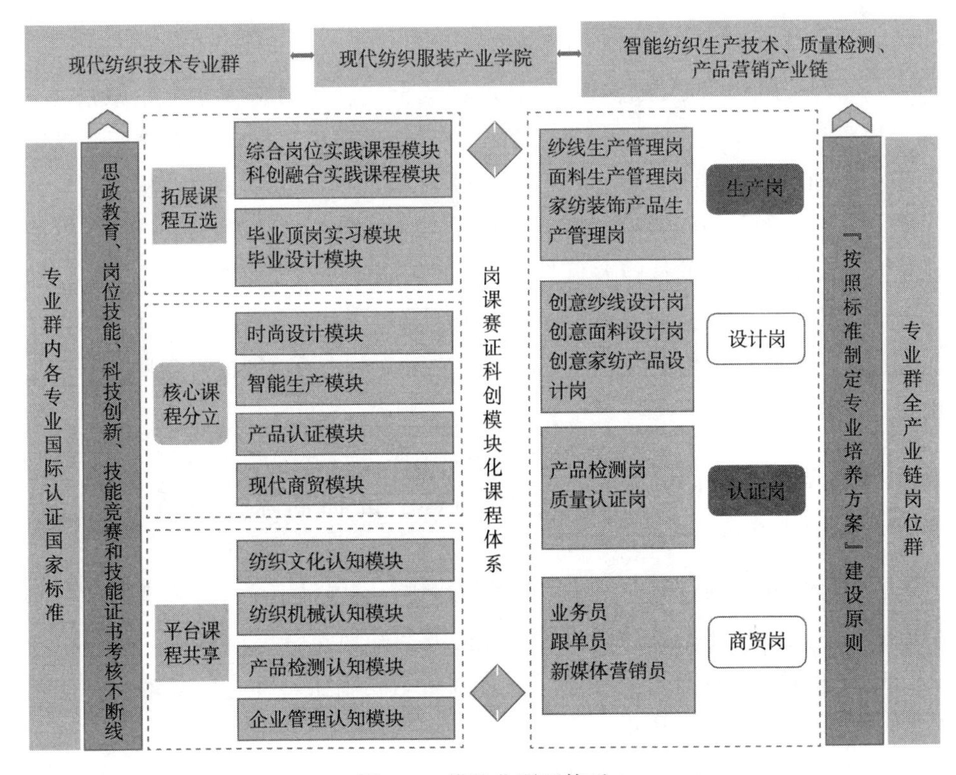

图 5-1　模块化课程体系

专业群平台课程包括公共基础课程和专业群基础课程，公共基础课程重点使学生树立正确的世界观、人生观和价值观；专业群基础课程主要培养学生纺织类专业的基础知识、基本技能及技术应用综合技能。各专业按照专业群建设要求及其在专业群中的作用和各自技术领域特点，构建相对独立的专业核心课程，在帮助学生掌握扎实的专业知识及核心技能的基础上，开设培养学生可持续发展能力的专业群拓展课程，培养不同群内专业人才的职业迁移能力和创新能力。专业群核心课程对接国家职业标准和专业教学标准，着重促进学生职业能力和可持续发展能力形成，主要培养学生纺织材料检测、纺织工艺设计、纺织品市场营销等职业能力；专业群拓展课程主要培养学生纱线/面料研发、纺织服装质量认证、企业管理等职业能力，促进学生岗位能力提升、知识跨界融合、创新能力的可持续发展。形成具有模块化、项目化、组合型、进阶式特征的课程体系，实现材料、设备和信息技术融合，每个模块以标志性教学成果（作品或证书）来实现，最终以毕业标志性学习成果来体现学习成效。

二、基于工作过程的选择与序化课程内容

在课程设置层面上，以专业群整体目标为依据，使专业群内某一门的具体课程符合专业群整体的课程目标。根据专业群课程体系的架构，高职纺织类专业课程包括平台课程、核心课程、拓展课程，以及相应的实践性课程，包括实验、实训、实习、毕业设计、社会实践等。

以高职纺织类专业群课程体系中的核心课程“现代纺纱技术”为例，分析该课程的课程目标是：理解现代纺纱的生产过程，熟悉纺纱设备结构与特点；熟悉纺纱生产工艺、工艺调节内容与调节方法；能理解纺纱工艺单并学会上机工艺的调整方法；学会不同设备的操作方法与技巧；理解纺纱设备保养与维护的意义与方法。

（一）典型工作任务构成课程内容

学习领域的专业群课程内容是由工作领域的岗位（群）典型工作任务构成的。

首先，纺织专业群典型工作任务基于具体职业工作岗位的实际，并贯彻专业群课程的教学理念，体现出专业群课程内容的职业性。其次，典型工作任务是由完整的、有代表性的职业的具体活动领域组成的整体，即包括活动和经验两个层面，是课程内容整体性的体现，也是从整体来认识和把握专业群课程内容的一种体现。最后，典型工作任务是要求较高的综合性任务，有一定的挑战性，但学生经过自主探索和教师的指导，在限定的时间内通过个人或团队的努力能够完成，也体现出课程内容的发展性。

（二）基于工作过程的课程内容

选择基于工作过程的课程内容时，要明确学生“学什么”。在岗位（群）典型工作任务确定后，学习领域的专业群课程内容就已明确。

“现代纺纱技术”是纺织专业群的核心课程，通过对纺纱原理以及纱线设计、试纺、检测进行系统学习，熟练掌握现代纺织技术专业的理论知识和专业核心技能，培养学生实际操作能力。因此，采取岗、课、赛、证融通的方式构建了纺织专业群课程内容，即形成了以专业课程为核心，以职业岗位为基础，

以技能竞赛和“1+X”职业技能等级证书为手段，满足纺织专业群人才培养定位的课程内容。其中，技能竞赛包括“纺织品检验与贸易”赛项等。职业技能等级证书主要是国家职业技能标准《纺纱工（2019 年版）》，分为初级、中级、高级，三个级别依次递进，高级别涵盖低级别职业技能要求，高职学生应掌握中级及以上等级水平。

培养学生具备纺织产业技术技能型人才职业能力，不仅要了解学生“学什么”，更要按照合适的逻辑顺序传授所学的内容。在这个过程中，如何序化专业群课程内容成为面临的重要问题。首先，要全面了解和掌握高职院校学生的学情，高职学生普遍存在基础掌握不好、学习动力不强、学习方法不当等现象，但从事实践性操作的意愿强烈。其次，高职学生学制为三年，基于从初学者到专家职业能力发展的逻辑规律，在人才培养方案制定时，明确学生在第一学年、第二学年和第三学年应分别达到什么水平，以使学生毕业就能上岗，上岗即能胜任工作岗位，实现教学与工作岗位的无缝对接。最后，根据专业群的定位和目标，合理组建组群逻辑、构建纺织专业群课程体系、选择专业课程内容并序化。

“现代纺纱技术”是在第三学期开设的专业课程，在整个课程体系中属于核心课程。因此，在课程内容的编排上采用项目课程的模式，按照由易到难、由简到繁的逻辑顺序安排项目。基于上述理念制定了本课程的课程内容：项目一，纯棉普梳环锭纺纱工艺设计；项目二，纯棉精梳纱工艺设计；项目三，混纺纱工艺设计；项目四，新型纺纱与新型纱线工艺设计。

三、多措并举创新课程实施

专业群的课程实施事关教学质量的提高、学生综合素质和适应社会需求能力的培养，是一个庞大而复杂的系统，因此，要从课程观，教材、教法、教师等方面积极探索，以确保课程目标的达成。

第一，树立正确的课程观。首先，以专业群的课程目标为导向，在学校层面上，强化课程规划、课程运作和课程监测；在专业群层面上，确定人才培养目标、提供课程体系规范和课程资源支撑；在教师层面上，强化对课程的领悟、执行和反思。

第二，全面深化“三教”改革。“三教”是教师、教材、教法的统称。为了确保纺织专业群课程的实施，在教材方面，校企深度融合，合作开发新形态教材，包括《纺织材料基础》《新型纱线产品开发与创新设计》等 10 余部；

遴选校级新形态教材建设项目12项，“十四五”职业教育国家规划教材1部。在教法方面，学校全面落实立德树人根本任务、持续深化产教融合，以企业真实项目、技能竞赛项目、职业证书考核项目等为载体进行课程教学改革，遵循学生的认知规律，校企合作组建教学团队；基于工作过程合理设计教学实践项目，由校企专兼职教师共同负责课程建设，并在课程中担任不同模块的教学任务，做到“教有专长”、分工协作，实现“教学做一体化”；深度推进信息技术与教育教学的融合与创新，依托立项的江苏省高等职业教育产教深度融合实训平台（绿色智慧纺织服装云实训平台）、江苏省高等职业教育产教融合集成平台（绿色智慧纺织服装集成平台），校级纺织虚拟仿真实训中心，建立涵盖组织、搭建、管理、实施、评价、诊改等全流程的课程在线教学支撑体系。在教师方面，学校制定《盐城工业职业技术学院教师能力提升计划》，从教育教学能力、实践能力、信息化能力、科研和社会服务能力、创新能力、国际化能力等六个方面进行提升。基于学校构建的“产学研创”四位一体的产教融合培训基地，构建“高、中、全”的培养体系，以提高学历层次为重点，通过学习进修、海外培养等方式，开展“高端”培训；以提高“双师”能力为重点，通过下企业实践和短期进修等形式，开展“中端”培训；以提高教师教育教学理念、拓宽视野为重点，通过讲座、沙龙、论坛、校本培训等形式，开展“全员”培训。全面提高师资队伍素质，着力打造一支名师引领、结构合理、专兼结合、技高品端的高水平专业化师资队伍。

第二节　纺织专业群科技创新创业教育的融合与开发

创新创业教育是职业教育服务国家创新驱动发展战略的重要抓手。创新创业教育与专业教育的有机融合是人才培养的必然路径与关键举措。基于课程整合、项目课程和全人教育理念，根据“产业创新创业需求”确定“专创融合”课程目标；根据“职业岗位能力分析”选择“专创融合”教学内容；根据“工作结构优化”设计“专创融合”课程结构；采用“项目化教学”载体实施“专创融合”课程内容；根据“多元评价体系”标准开展“专创融合”课程评价。

一、高职院校“专创融合”课程体系的创新理念

（一）创新创业教育与专业教育课程系统融合路径的创新

通过“三融合”，在创新创业教育“专创融合”路径上有新突破。一是与

素质教育课程相融合，将人格塑造、团队意识、创新精神等全面融入思想政治课程；二是专业课程相融合，将各专业岗位技术技能发展前沿与发展趋势等全面融入专业课程教学，将创新项目任务带入课堂，引导学生创新思维，完成创新任务；三是与专业实践相融合，将创新设计引入课程设计，将创新产品、创新工艺、创新流程等融入专业实践、顶岗实习以及毕业（论文）设计。

（二）创新创业教育分层递进式筛选、分类培养路径的创新

通过“四层递进”分层筛选，在高职院校创新创业教育分类培养路径上有新突破。高职院校学生层次多、差异性大，接受创新创业知识能力参差不齐，“认知、模拟、体验、实战”实践体系，不仅有利于培养学生整体创新创业能力，更有利于通过四层递进式筛选，播撒创新创业“种子”，发现创新创业“苗子”。一方面全面培养学生创新创业意识与能力；另一方面通过分层筛选，重点培养一批“创新型工匠”。

（三）创新创业实践基地“校企合作”运行机制的创新

通过“政园企校”四方合作建设创新创业实训基地，在运行机制上有新突破。引企入园建设创新创业企业工作站，提供创新创业社会化培训项目，吸引政府购买创新创业培训服务，合作成立“盐城高教科技与创业服务有限公司”等，实现基地“项目化引导、企业化管理、市场化运作”，形成产教深度融合、利益多方共享的运行机制。

（四）高职院校创新创业教育融入卓越技术技能人才培养模式的创新

高职院校创新创业教育融入卓越技术技能人才培养模式，在专业教育与创新创业教育深度融合路径、“四层递进”实践基地建设与运行机制、创新创业导师队伍“六个一”工程以及“TASO”综合教育手段上，均有较大的突破，并取得良好成效，实现了高职院校创新创业教育模式的全面创新。

二、高职院校“专创融合”课程体系的实施

（一）课程联动，铸就“专创融合、技能菜单”育人特色（图5-2）

“专创融合”的课程体系。将创新创业教育融入素质教育课程，开设公共必修课与网络选修课，强化学生创新创业意识教育；将创新创业教育融入专业课程，以“课程作品化，作品产品化，产品精品化，精品市场化”为目标，将具有实践性、统合性、探究性和合作性的创新设计项目融入专业课程实施项目化教学；通过开设跨院系、跨专业的选修课，形成交叉培养课程体系。

“专创融合”的实践体系。将创新创业教育融入专业实践，全天候开放各

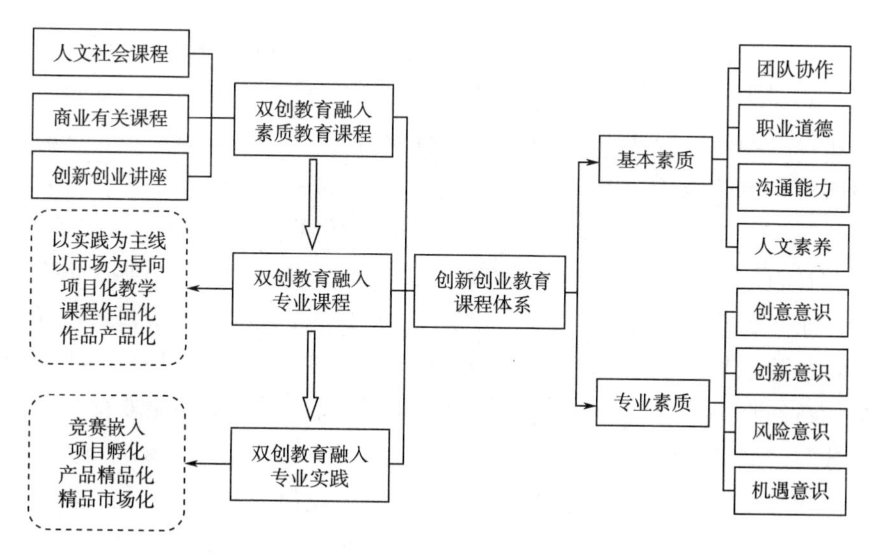

图 5-2　纺织专业技能人才创新创业教育“专创融合”课程体系。

类实训基地，实践基地共享，实践项目共融，创新项目融入课程设计，创新创业融入毕业（论文）设计。校企共建“专创融合”导师工作室，带领学生团队开展创新产品、创新工艺、创新流程等实践活动。

“专创融合”的孵化体系。“校企共建”导师工作室、指导服务站、企业工作站，为学生提供创新创业实践体验，建设“匠心坊创客工场”，学生创新作品可替代某项专业实践学分。

以技能菜单为载体，建立专业技能菜单和素质菜单，将创新创业教育有效纳入文化素质和专业教育教学计划和学分体系，通过整合各种课程资源，完整构建“专创融合”的“技能菜单式”课程体系。双创教育融入素质教育课程旨在点燃双创激情。学校强化顶层设计，素质教育中心牵头，建立包括人文素养类、艺术素养类、科学素养类、创新创业类等模组的通识教育课程体系平台，为学生创新意识、创新思维养成奠定基础。双创教育融入专业课程围绕“技能扎实”，开展以“课程作品化，作品产品化”为目标、技能菜单为形式的课程改革，在技术技能教育中培养学生创新能力和素质。针对生源多元化，分层分类开设专业与创新创业深度融合的一体化课程，如“新型纱线设计与开发”“新型面料设计与开发”等。双创教育融入专业实践，是将创新产品、创新工艺、创新流程等融入专业实践、顶岗实习以及毕业（论文）设计等过程，通过“竞赛嵌入”和“项目孵化”，将好的项目推向市场，实现“产品精品化，精品市场化”，完成创业实战。

以智慧树平台、尔雅课程平台等为载体，通过开展 SYB、KAB 培训，线上线下混合教学，训练学生创业能力，探索形成了“课堂教学（teaching）—社团建设（association）—导师领航（supervisor）—项目实战（operation）”一体的“TASO”综合教育手段。

（二）平台促动，搭建“四层递进、分类培养”实践平台

“政园企校”合作，共建了 12000 平方米的大学生科技创业园，500 平方米的创业一条街，以及悦达纺织产业学院、产教融合实训平台等校内外双创实践平台和孵化器，通过“认知、模拟、体验、实战”的“四层递进式”实践，播撒创新创业“种子”，筛选创新创业“苗子”，确保创新创业教育能够分层次、分类型、科学化地实施。

认知实践平台。学校成立“大学生 KAB 创业俱乐部”，院系成立“大学生创业社团”，通过沙龙、讲座、论坛、成果展，开展“SYB”“小微创业”“互联网+创业”等创业培训，运用纺织服装文化展览馆等专业平台激发学生兴趣，认知实践覆盖面达 100%。以伙伴学习为理念的学生专业社团建设成效显著，如织彩社吸引了不同年级的学生参与，一年级培养兴趣，二年级在专业实训室学会创新，三年级借助驻校的悦达家纺设计打样中心，运用真实项目实战，模拟创业，学生多次获得全国纺织面料设计团体一等奖。

模拟实践平台。建设大学生创业网、ERP 企业模拟经营室、创新创业模拟系统，结合创新创业大赛，建立专业平台和大赛平台，提供形式多样的仿真模拟训练，模拟实践覆盖面达 80%。2012 年，现代纺织技术专业毕业生踪揆揆，依托在校完成的新型蓄光防水面料设计项目创办了苏州璟菲纺织科技有限公司，先后推出反光面料、遇水开花面料等多款新型功能性产品，其中一款面料获得了“江苏省大学生创业优秀项目”的称号。

体验实践平台。和悦达纺织集团等企业共建 6 个创新创业工作站，12 个导师工作室，1 个 E+网络创业训练平台，1 个匠心坊创客工场，500 平方米的创业一条街等，多渠道开辟创新创业体验实践项目，体验实践覆盖面达 50%。2017 年，以个性定制为特色、依托薄荷糯米葱中国原创设计平台的“盐城工坊”正式揭牌成立，学生直接在校参与原创设计作品的打样及制作项目，掌握最新的工艺制作方法，提升服装制板技能。

实战孵化平台。设立 4000 余平方米创业项目孵化区，500 余平方米电子商务创业孵化区，全程一站式创业指导服务站，150 万元大学生创业母基金，成立“盐城高教科技与创业服务有限公司”，提供“全程一站式”孵化服务，

实战孵化覆盖面达10%。2016年，针织技术与针织服装专业毕业的魏通创办了上海苏丽纺织品有限公司，成为在学校的实战孵化平台上培养起来的典型。

（三）师资带动，打造“专兼结合、科教互哺”的双创队伍

校内教师专业化：通过实施“六个一”（到企业实践一个月、结拜一名专家导师、学精一项专业技能、完成一个创新项目、带好一组学生、紧密联系一家企业）工程，增强专业教师创新创业能力，打造“科教互哺”型双创师资队伍，不断提高专业教师指导学生创业实践的能力。

校外导师专家化：实施校外导师遴选制，聘请一线工匠、技术骨干、成功创业人士和知名校友担任兼职创业导师，通过校外导师分享实战经验、讲述创业故事，播撒创新创业“种子”；邀请科技创业大赛、“互联网+”大学生创新创业大赛、“创青春”大学生创业大赛等国内知名创新创业大赛评委和创业导师开设讲座，发现创新创业“苗子”，培育创新创业“果实”。

（四）机制撬动，构建“政行校企、精准服务”的保障措施

校地协同发展，牵头组建盐城市纺织职教联盟，共建企业学院，“园校一体”建设创新创业企业工作站，成立盐城高教科技与创业服务有限公司，实现基地“项目化引导、企业化管理、市场化运作”。统筹教学、学生经费和校友捐赠等资源，设立创业基金；出台学分制实施方案，实行创新学分奖励制度，允许学分互换，允许休学创业。制定《大学生创新创业训练计划管理办法》，规定学生在校期间应至少参加一项科创项目。

三、课程创新创业改革案例分析

（一）创新创业型人才培养模式

在“大众创业、万众创新”的战略背景下，高职院校的学生不仅要掌握与企业接轨的职业技能，还要提升创新创业所需的必备素质，以适应社会发展的需要。

1. 现代纺织技术专业“技能+素质”双菜单同轨人才培养方案

适应纺织行业对创新创业人才的需求，科学合理地设计现代纺织技术专业“技能+素质”双菜单同轨人才培养方案，确定现代纺织技术专业所需的岗位技能和创新创业素质，进而制定明确的技能和素质培养菜单。整合与改革人才培养方案，根据现代纺织技术专业特点，把具体岗位技能细化为技能菜单，把创新创业素质细化为素质菜单，建立以职业技能和素质培养菜单为核心的培养体系。

2. “技能+素质”双菜单的SPOC在线学习平台和“翻转课堂”教学模式

完善“技能+素质”双菜单的SPOC在线学习平台资源和“翻转课堂”教学模式，提升学生的职业技能和创新创业素质。岗位技能的培养按照纺织企业对典型工作岗位的技能要求和创新创业所需的素质要求，设计学生胜任现代纺织技术专业岗位所需的技能菜单和创新创业素质菜单，完善“技能+素质”双菜单的SPOC在线学习平台资源。把技能和素质的培养渗透到教学的各个环节，通过“翻转课堂”、学生创业社团活动来渗透技能和素质培养，提升学生的职业技能和创新创业素质。

（二）创新创业型人才培养措施

“技能菜单”是指将某一项技术所需要的若干技能归类成独立又相互联系的技能菜单，“素质菜单”是指将创新创业所需的技能划分为独立又相互联系的若干素质菜单。创新意识、创业能力根植于每个人的潜力当中，高职院校对学生的创新创业教育，培养的模式应该根植于发掘并强化学生的创业意识与创业能力。

1. 岗位技能菜单、创新创业素质菜单及相应的课程体系

制定现代纺织技术专业所需的岗位技能菜单和创新创业素质菜单，进而构建与之对应的课程体系，整合与改革人才培养方案。学生在结束大一基础课程的学习后，从大二开始接受职业技能和素质的同步培养。以现代纺织技术专业纺织201311班为例，从大二开始学生学习的职业核心技能菜单包括：纺织材料检测技能、面料分析与制作技能、工艺设计技能、生产质量控制技能、新产品设计技能、纺织品跟单技能、印染产品加工技能、设备操作与维护技能、挡车操作技能，并将这些技能落实到不同课程中。学生在大二学习的技能课程包括：“纺织材料学”“纺纱工艺设计与质量控制”“纺织设备维护与保养”“机织产品开发与工艺设计”“机织物结构与设计”“针染概论”；在大三学习的技能课程包括：“新型纺纱工艺设计与质量控制”“新型机织产品开发与工艺设计”“纺织英语听说”“计算机辅助设计”“纺织品跟单”。学生在大二学习的创新创业课程包括：“纺织品市场营销与品牌策划”“商务礼仪与谈判”“纺织企业管理”“生产计划调度”；在大三学习的创新创业课程包括：“政策与法规”“创新创业概论”“外贸英语函电”“公共关系”“经济学”“财务分析”。

2. SPOC在线学习平台和“翻转课堂”教学模式

完善SPOC在线学习平台资源和“翻转课堂”教学模式，开展形式多样的

创新创业系列活动，营造创新创业环境。将技能菜单和创新创业素质菜单对应的 SPOC 在线课程上传到数字化学习平台，学生利用课余时间学习技能菜单和素质菜单上的内容。根据学生掌握的技能和素质情况，教师采用“翻转课堂”、课上答疑的教学模式，有利于不同层次的学生掌握两种菜单知识。

专业群还开展形式多样的创新创业系列活动，每个学期定期举办 2 次“身边的榜样、前行的力量”毕业生成才汇报系列活动。例如，我校针织服装专业 2007 级毕业生魏通受邀回校与学生座谈。毕业后他成功创办了上海苏丽纺织品有限公司，他根据多年的工作经验解读了当前大学生创业应具备的素质、创业理念、创业途径，以及大学生如何创业等问题。魏通告诉学生，要想成为成功的创业者，必须有克服困难的勇气、描绘蓝图的能力，以及有效的组织团队，只有拥有自信、信念、信仰，才能实现自己的梦想！创新创业系列活动以身边的典型案例激发了学生的创新创业热情。

专业群加强对创新创业型学生社团的引导和专业性指导，有效提升了学生的创新创业素养，利用学生社团全面开展大学生创新创业精神和技能的培育工作。组织开展创新成果和企业项目展示推介、创业大讲堂、创业沙龙等丰富多彩的创新创业活动，让学生在兴趣特长与专业之间找到恰当的结合点，从而利用社团的辐射推动校园创新创业活动的开展，营造创新创业的浓厚氛围。

3. 教师执教能力培养和大学生科技创业园基地建设

要培养学生良好的创新创业能力，要求教师必须具备高水平的纺织信息化执教能力。盐城工业职业技术学院教师可以以该校现代纺织技术专业被评为江苏省品牌专业为契机，参加各级各类纺织信息化能力培训和学校组织的相关信息化能力培训。同时，盐城工业职业技术学院重视学生科技创业园基地的建设，为学生技能的培养提供了良好的软硬件环境。充分发挥大学生科技创业园、创业一条街、孵化器、众创空间等载体的作用，开展小微企业创新创业政策解读、信息发布、创业辅导、技术支撑、互动对接等服务。通过学生建立实体化的创业公司或创业团队，不仅使参与的学生充分展示了自身的管理、营销、财会等综合素质，提升了创业素养，还进一步营造了浓郁的创业氛围，从而带动了更多的学生参与创业。

（三）人才培养模式实施的保障措施

1. 严格的学分制考核

学生在修满专业技能菜单所需学分的同时，必须参加校内外丰富多彩的实践活动和完成培养方案中的素质菜单课程，修满素质菜单学分。学生只有完成了两种菜单所要求的全部学分，才能达到毕业要求，拿到毕业证书。

2. 良好的师资队伍

盐城工业职业技术学院现代纺织技术专业教学团队为江苏省优秀教学团队，团队成员具有丰富的理论知识和实践经验，其中，教授 6 名、副教授 5 名、讲师 3 名，整个团队具有较强的教育教学改革能力。另外，所有成员都具有良好的教育技术应用能力，对教育科研有着浓厚的兴趣，曾主持过多项省级以上教学改革课题，包括江苏省教育科学研究院现代教育技术课题“基于 App 开发的苏北高职院学生异地顶岗实习信息化管理平台的建设与应用研究”“基于‘互联网+’的现代纺织技术专业课程整合的实践探索”，江苏省社会科学研究课题“新常态下江苏纺织产业转型升级的高端化战略研究”，江苏省重点教学改革课题“产业升级转移背景下高职‘技能菜单’式分类分层培养机制的研究与实践”，并获得多项中国纺织工业联合会教学成果奖。

3. 学校的大力支持

现代纺织技术专业是盐城工业职业技术学院重点打造的专业，为江苏省品牌专业，更是国家级特色专业。

多年来，本专业一直致力于提高学生的技能操作水平，从最初的“教学做一体化”教学模式改革、“岗位引领，学做合一”人才培养模式改革，到现在的基于“技能+素质”双菜单同轨创新创业型人才培养模式改革，一直得到学校的大力支持。根据创新创业的需要，强化管理创新，对于有创新创业热情的学生，学校制定了激励性制度予以鼓励；对于在创新方面取得突出成绩的学生，可以抵扣相应的学分；对于创业中取得实际效果的学生，学校给予相应的奖励等。

另外，盐城工业职业技术学院近年来高度重视信息化教育教学改革，投入了大量资金制作微课和进行资源库建设，不断完善数字化学习平台建设，硬件设施得到不断更新和完善。2015 年盐城工业职业技术学院大学生科技创业园以总分第一的成绩被江苏省人力资源和社会保障厅认定为“江苏省创业示范基地（创业培训实训基地）”，是江苏省首家获此殊荣的高职院校。

第三节　专业群岗、课、赛、证科创课程的融合与开发

岗、课、赛、证融通是职业教育类型化的一个核心特征，是“三教”改

革的一种全新育人模式。纺织专业群提出了基于“平台共享、能力递进、持续发展”课程体系设计思想的“1+X+Y”专业群模块化课程体系架构，分析了专业群与产业链的逻辑关系，构建了岗、课、赛、证科创融通的“1+X+Y”专业群模块化课程体系。课程体系具有“对接产业要素、满足核心岗位需求、达成应用能力培养”的三型递进关系，并从多师协作的教学团队构建、课程资源开发、网络课程教学平台搭建及教学组织实施四个方面来阐述专业群模块化教学实施途径。

岗、课、赛、证融通育人是2021年全国职业教育大会上提出的职业教育课程改革命题，要求高等职业教育人才培养需要依据专业群产业链对应的人才需求来分析其职业岗位群、整合专业群内通用基础知识，并融入技术技能标准证书以及赛项考评点等内容，构建基于“岗、课、赛、证科创”融通的专业群模块课程，实现教育链、人才链与产业链的有机衔接。专业群模块课程要求以专业群的职业岗位为核心，将赛、证内容融入课程内容中，按模块化来组织教学，以更好地适应岗、课、赛、证综合育人模式下的复合型技能人才培养要求。

一、岗、课、赛、证科创的融通机制

“岗、课、赛、证科创”中“岗”是职业教育的育人目标，“课”是职业教育的育人核心，“赛”是技能培养的强化手段，“证”是育人成效的行业检验，“科创”指科技创新教育。岗、课、赛、证科创的融通，需要整合基于专业群产业链的职业岗位群、群内赛项资源、证书标准的职业能力和素养要求，构建岗位需求、素养综合的专业群模块化课程体系。

岗、课融通，即通过调研明确专业群中各专业的核心工作岗位以及岗位的主要工作任务，以岗位能力培养为主线，对接专业群产业链中核心职业岗位职业能力的要求，将行业企业的新技术、新工艺、新标准引入课程，对专业群课程进行整合优化，并引入国际一流企业岗位职业标准，以核心职业能力培养为主线，校行企共同构建模块化专业群课程体系，实现对胜任岗位所需的知识、能力、品格的培养；课、证融通，即对接“X”职业技能等级标准和行业、企业职业技术标准，将证书标准内容融入课程教学内容中，重构课程教学模块内容、开发证书培训资源、开展职业技能培训与认证服务，培养学生职业能力；课、赛融通，即引入专业群赛项的技术标准，选取典型样题和比赛项目，将涉及的知识点、技能点细化分解，开发综合实训竞赛项目、完善工作任务的考核评价方式，以竞赛项目指导实训教学，实现赛训同步，强化训练学生技能。

二、专业群模块化课程体系设计思路

岗、课、赛、证科创融通模式的综合育人模式，实现了专业群课程与职业岗位群对接，专业课程内容与职业标准、证书标准对接，课程教学与赛项内容对接，课程评价与证书考核、赛项考核对接，从而构建了更能满足企业职业岗位高素质能力需求的人才培养体系。

（一）专业群课程体系新要求

纺织服装专业群的课程体系，应当围绕区域重点发展的纤维材料、纱线、面料、服装的典型应用，紧跟产业发展的新标准、新技术、新规范，构建以纺织材料应用项目开发过程为主线的模块化课程体系。职业院校与行业企业要依据职业岗位所需求的职业素养及职业能力，在课程标准、课程内容、考核标准等方面融通专业群赛项、职业技能证书、职业技术标准，共同开发与职业岗位相适宜的模块课程；在课程体系中要注重技术应用能力、创新能力、工程能力的素质培养，同时也要注重学生个性能力的培养；以纺织服装产业为背景，以行业应用、技能竞赛、“X”证书考核制定素质拓展培养要求。基于职业岗位群并融合赛证元素的专业群模块化课程体系，正是岗、课、赛、证科创融通模式根据人才培养新要求而产生的。高职院校应当基于区域产业特色需求，开展岗、课、赛、证科创融通的综合育人模式改革，定制专业群模块化课程体系，以适应创新型复合型人才培养的新需求。

（二）专业群模块化课程体系的设计思想

从“平台共享、能力递进、持续发展”课程架构出发，按共性知识、核心技能、行业应用拓展来设计教学模块，重构“基础平台课程、职业能力课程、职业发展拓展课程”三层架构课程体系。专业群模块化课程体系架构如图 5-3 所示。

基础平台课程本着群内“平台共享”原则，以夯实专业群共性专业基础为目的进行设计，不同生源可以依据其不同基础进行选择。职业能力课程本着群内“能力递进”原则，以培养专业能力和强化技能为目的进行设计，包括必选的专业能力模块课程、依专业限定的核心技能模块课程。职业发展拓展课程包括学生自主选修素质拓展模块课程和适应区域经济产业需求的行业实践课程。

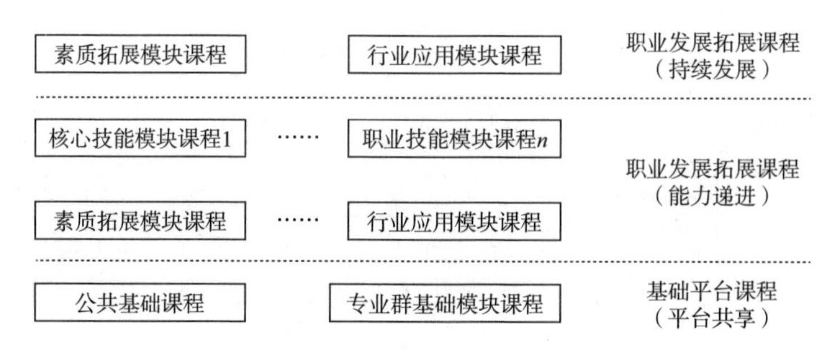

图 5-3　专业群模块化课程体系架构

（三）专业群“1+X+Y”模块化课程体系架构

按照前述的“基础平台课程、职业能力课程、职业发展拓展课程”三层架构体系设计思路，在“1+X+Y”岗、课、赛、证科创融通课程体系中，“1”代表基础平台课程，即服务于纺织服装产业链的全部岗位或某几个岗位的课程，其注重培养学生的专业基础能力；“X”代表岗位课程，即岗位群的核心课程与“X”相关证书、职业技术标准融通形成岗位模块课程，其注重培养学生面向相关岗位群的专业核心能力；“Y”代表行业应用实践，即与区域经济特色、地方优势产业、学校特色专业群结合的行业应用实践课程，主要帮助学生切实掌握纺织服装行业应用的专项技能，以培养出具有产业背景、符合区域经济发展需要、能力突出的技术技能创新型人才。“1+X+Y”课程体系具有“对接产业要素、满足核心岗位需求、达成应用能力培养”的三层递进关系。

（四）专业群的“1+X+Y”模块化课程体系

以纺织行业应用项目实施全流程核心岗位的职业能力为导向，构建岗、课、赛、证科创融通模式下的纺织专业群“1+X+Y”模块化课程体系，如图 5-4 所示。

“1”基础平台课程模块，包括公共基础课程模块、专业基础课程模块。其中思政课程为统一必修课；针对通过英语 4 级以上的学生，公共英语可免修；具有中专基础的生源则可免修信息技术。

“X”职业能力课程模块，即核心技能模块课程，6 个核心技能模块课程根据核心岗位模块设定，所有模块课程学分相同，群内学生可以根据其未来职业发展方向自主选修。

“Y”行业方向拓展模块，除包含素质拓展模块课程、行业应用模块课程外，依据纺织品开发实施全流程岗位素养要求及高职教育“1+X”证书政策导向，加入了项目管理模块、“X”证书模块。素质拓展模块课程是基于增强学

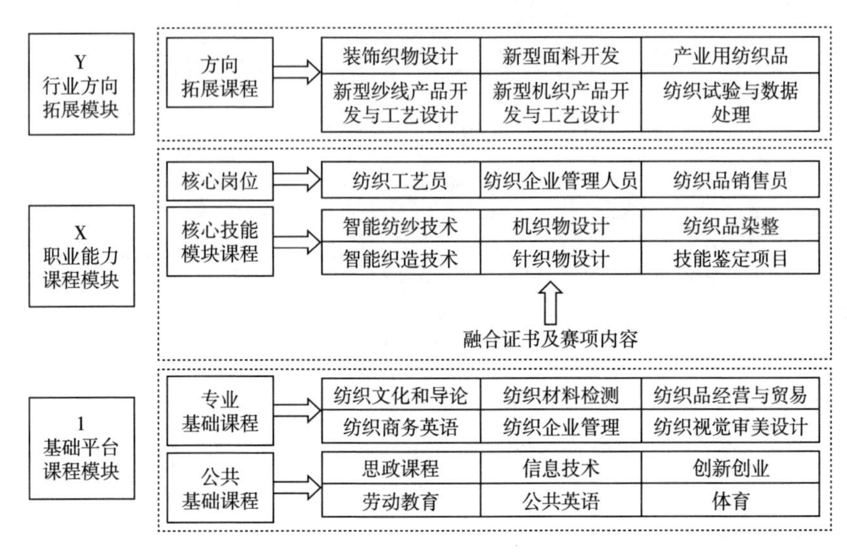

图 5-4　纺织专业群的模块化课程体系

生综合素养而开设的选修模块课程，学生可以通过职业能力等级证书、参加技能竞赛、创新创业、企业订单、学历提升等活动，依据学分制管理办法来选修模块课程。

三、专业群模块化教学的实施

模块化的课程教学组织实施要求授课教师能力更综合、教学资源更丰富，同时还必须有网络课程教学平台，以满足学生全方位的培养需求。

（一）开发模块化课程资源，开展混合式线上教学

高职院校须根据纺织行业新技术、新工艺，动态更新纺织产业相应岗位的职业能力要求，以培养具备纺织产业职业特质的复合型人才；按照“开放、共享、智慧”专业群课程教学资源建设思路，针对不同生源的人才目标要求，融入课程思政、创新创业意识的培养，开发专业课教学资源、赛项实训教学资源、“X”证书训练教学资源。学院推广线上线下混合式教学模式，以满足专业群教学、培训、认证、社会化服务及相关岗位人员的多元学习需求，解决专业群不同生源学生的技能证书培训及终身学习等问题。

（二）搭建网络课程教学平台

学院应建设一套覆盖学生专业学习全过程、一站式、个性化的专业学习云平台，集成授课内容、学习进度及操作环境。学院为每个学生设立一个独立的账户，利用移动互联技术跟踪、记录学生的学习过程，为学生提供不受地点、

时间限制的信息化学习环境，丰富学习资源和渠道。即使学生毕业参加工作后，也可随时登录原学习账号，进行课程的温习和新知识的学习，综合应用专业群网络教学平台上的教学资源。学院对学生开展有针对性的导学活动，以满足学生全方位的学习需求，服务学生终身成长。

四、模块化课程体系的课程建设案例——“新型面料开发”岗、课、赛、证科创融合的开发

（一）“新型面料开发”总体设计

“新型面料开发”是现代纺织技术专业的一门专业课程，也是纺织专业群中的平台互选课，是为了适应产业发展内容而开设的。该课程以职业实践为主线，根据就业方向分析专业定位，由典型岗位确定教学目标，按照项目课程为主体的模块化专业课程体系的总体设计要求，以纺织面料开发“1+X”证书项目为中心，构建工程化项目课程体系，结合项目教学法、游戏化教学法、案例教学法、实践教学法、翻转教学法等，突出工作任务与知识的联系，让学生于实践中感受所学知识的用处和乐趣，培养学生的学习能力、创新能力。该课程提供丰富有趣的教学环节，激发学生的探索精神，打造德才兼备的高素质应用型人才，实现人才培养与人才需求的对接。

课程“岗、课、赛、证科创”融通构建“四位一体”育人体系，以岗位需求和技能要求为依据，调整课程目标，并结合全国职业院校学生纺织面料设计大赛和纺织面料开发“1+X”证书考核要求，重构教学内容，以达到融通的预期效果。课程“岗、课、赛、证科创”融通设计思路如图5-1所示。

将“岗”“赛”“证”有机地融于“课”，深化育训融通课程建设和教育供给侧结构性改革。课程不作为独立的系统的知识体系出现，学生在学习过程中不再是简单的理论理解和技能掌握。课程项目设计参照面料开发的流程设计，包含面料市场调研、熟悉纺织原材料及织物组织、面料生产设备、横机操作、面料产品设计工艺、面料产品设计表达等工作任务内容，使学生能建立完整的针织知识体系和整体知识框架，养成良好的研发习惯并获得针织物分析、针织服装的工艺设计与实践的能力。

（二）实施策略

1. “游戏化+思政”双驱动，激发学生内生学习动力

为了提高学生在课堂中的专注度和参与度，对应课程每个教学项目情境设

定游戏化教学内容，每项任务都有明确的目标与难度，与章节知识点挂钩，运用多种游戏内驱力不断提升学生的学习积极性，配合多种游戏组件元素使枯燥的专业知识教学过程生动、有趣、连贯，充满惊喜与未知性，使学生在游戏和任务中获得更多课堂或书本中没有的技能。在课程思政的大背景下，不仅要培养学生的职业能力，更要培养学生的综合素质。因此，要在课程中融入思政元素，让知识讲授与价值引领相统一，提高思想政治理论课质量和实效。例如，在教学项目“新型面料开发概述”中，教师可以在讲解完基础概念知识后讲解针织工业发展历史和一些典型企业的案例，帮助学生增强民族自信，厚植家国情怀；在项目结束时，以小组为单位进行理论知识竞赛等游戏化教学内容，设置抢答、积分排行榜等环节提高学生的积极性和成就感；在课程的最终纺织面料开发中，可以融入我国诸多传统艺术，如闽南非遗珠绣、刺绣、传统纹样等，其中蕴含着中华民族传统文化的精髓，学生在学习中可以增强文化自信。

2. 探索提升教学手段，优化知识内容呈现

教学观念更新并不能自觉自动地转化为课堂革命实践行动，还需要创造相应的内外部条件。针对证书能力要求，采用线上线下相结合的形式，开展课程资源建设，采取“线下授课教师+网络课堂教师+技能大师”系统授课，推动现代信息技术与教育教学深度融合，提高课堂教学质量。一是针对课程开展过程中的“三高三难”问题，采用虚拟仿真形式开展能力培训，如设备运行原理与控制等。二是针对技能证书要求，充分发挥纺织 CAD 等软件资源利用。三是梳理证书能力观测点，编制课程知识点手册、证书考核题库，建设纱线库、面料库等。与此同时，将课程内化到“技能大师工作室”课程中，邀请合作企业的技能大师与学生交流企业经验，将企业真实工作任务融入课堂教学，学生还可以走访针织企业深入了解真实工作场景，如陈力群大师工作室的嵌入激发了学生的创新思维和实践能力，进一步缩小了理论与实际的差距。

3. 以作品为导向，建立多元化考核评价体系

在课程实训项目中融入大赛项目内容和考证内容，设置面料开发环节，以作品为导向，实施“作品式”考核，并将最终的作品作为课程评价的一部分。作品的考核标准参照学生竞赛和证书考核要求，建立企业技能大师评价和小组互评、学生自评、教师评价等多元评价机制，全面考核学生在纺织面料开发相关岗位的综合能力。这种方式可以提升学生的创新能力、专业技能和职业素养。在纺织面料开发中，学生在编织时结合闽南非遗珠绣进行创作，在编织针织面料时引入复杂的珠饰设计或更小的部分如小珠子和亮片，用于强调和突出

更多的色彩、纹理以及设计的趣味性。针织串珠编织的手法一般用于高定服装的设计制作中。

通过课程的一系列具体措施进行教学改革实践之后，学生的总体满意度较高，认为课程教学目标清晰、重难点讲解效果好，且知识掌握得较为牢固，这说明通过“岗、课、赛、证科创”融通的总体设计思路，课程内容以工作项目任务为主线的教学改革取得了较为显著的效果，做到了让学生在“乐中学”。

第四节　金课建设的教学案例设计与实施

一、“服饰电脑刺绣设计”课堂革命教学案例

在智慧课堂的理念下，将基于 OBE-CDIO 的“三融合”混合教学模式应用于高职产品设计类专业课程，以“定制刺绣衬衫设计与制作”为例，通过对学生的学情分析，将教学分为课前、课中及课后，依靠学习通云平台、智慧教室、智能虚拟系统等实现“线上线下、课内课外、校内校外”相融合的教学改革，将学生学习习惯变为主动性学习，提高其学习效果。

（一）高职产品设计类课程教学模式的构建

高等职业教育中的产品设计课程，以制成品的研发作为最终成果，其制造过程恪守 CDIO 设计模式。该模式依托 OBE，将 CDIO 的设计理念融入其中，打造出集“职业情境、任务驱动、做中学、做中创”于一体的，融合线上与线下、课堂内外以及校内外资源的“三结合”复合教学模式。教学执行过程中，细化为六个具体任务，涵盖项目的创意构思、设计规划、执行操作及成果的汇总与评估，构成循环闭合的四个阶段。

（二）“定制刺绣衬衫设计与制作”教学设计

1. 学情分析

本课程面向的是服装设计与工艺专业二年级的学生，他们已掌握了服饰图案设计和产品制作的基本技能，然而对理论课程缺乏热情，更倾向于亲自动手操作。尽管如此，他们在服饰制作的细节和质量上还有所欠缺，同时在定制服饰的制作方面也较为生疏。在接触本项目之前，学生们能够使用绣花软件进行刺绣图案设计，并能熟练驾驭绣花机的操作，能够处理刺绣过程中的跳线、漏针等问题。但是，他们对于探究布面质量不够积极，刺绣时的精准定位技能尚

显不足，且在创新能力方面有待提高。

2. 实施过程

（1）课前准备。在操作开始之前，学生们需登录蓝墨云平台，获取任务指导书；以“爱”作为设计核心，着手打造专属的衬衫刺绣图案；依托平台所提供的素材，学习纹样制作的详细步骤。分成四支队伍进行资料搜集，明确各自的设计理念，对图案进行初步设想，并制作出展现定制衬衫刺绣品制作流程的演示文稿（PPT）和思维导图，随后将成果提交至课程交流平台。

（2）课中实施。在执行过程中，以学生为核心，挑选了业界的经典工作任务——个性化刺绣衬衫的创作与生产，遵循个性化衬衫的制作步骤，安排了四级六阶段的逐步深入的教学安排，涵盖“图案构思—裁片剪裁—绣制底版—刺绣裁片—缝制完成品—成衣评价”，逐级提升，通过实际操作，持续增强学生的职场技术和技艺，培育出具备岗位素质和创新设计才能的工匠。实施中的重点是确定刺绣纹样的结构、位置、大小、色彩等，开发“3D 智能刺绣虚拟设计系统”，通过“‘粗—准—细—精’四步法”实现对衬衫刺绣纹样的精准设计与定位。第一阶段：利用云图应用程序设计并初步定位衬衫上的刺绣图案；第二阶段：借助 CorelDRAW 软件精准绘制服装部件，调整图案的尺寸和具体位置；第三阶段：运用 Wilcom 智能排版功能，对刺绣图案的层次感、构造、具体位置、尺寸以及针法设置等细节进行精细调整；第四阶段：通过 PGM 模拟穿衣系统实现衣片的三维拼接，检测衬衫图案的立体视觉效果，迅速进行调整设计，确保精准定位，从而帮助学生把握设计要点。

其中关键在于确保衬衫刺绣的品质。实施刺绣前，采取“一核二比三定”的策略，首先核实绣花工艺的指示单；其次对照绣线的色彩样板、选取空间站杰出学员的案例以及公司的实际样品；最后明确衣片的具体部位、刺绣图案的准确位置以及绣线的色彩和排列次序。在刺绣制作中，秉持“试错—知错—改错—提升”的原则，贯彻“一试一析一改”的操作与改进流程。采取样片试验刺绣、深入剖析、调整工艺参数的方法，循环刺绣作业，持续进行工艺优化，以获得更高品质的刺绣衣物片段。另外，还特别邀请业界资深讲师亲临现场进行辅导，分享宝贵技艺，协助分析刺绣产品品质的相关问题，从而解决制作中的重点难点。

在教学实施阶段，运用了虚拟现实（VR）技术构建的服饰博物馆、专门的刺绣设计实操训练基地以及 PGM 模拟穿衣系统等先进的信息化工具与设施，帮助学生生动地认识刺绣图案的独特风格，熟练掌握设计技巧与操作流程，极大地丰富了教学手段，提升了教学的形象性、多元性、直观性和互动性。团队成员通过协作交流、集体研讨、动态监控与即时记录等多元化的方法，共同攻克教学中的重点难点，对产品从设计到制作的全过程进行现场记录，并积累了一系列过程性成果。

（3）课后拓展。课后，学生们需将绘制的刺绣礼服设计稿、制作模板图、刺绣工艺说明及成品实物等资料汇总，建立起一套完整的刺绣产品开发资料集。在产品开发阶段，实时进行记录，并自行制作微课视频，以此创建可再生的教学资源，从而扩充学习资源的多样性。这些资源既可作为企业设计产品时的资料库，也可作为学生学习的资源库，便于学生随时、随地、随意地复习和学习。在该项目完成后，共增补了产品设计及制作的视频资料 8 部、电子版的刺绣资料 4 套、产品图片资料 18 张，并且针对学生们的创新设计作品提交了外观设计的专利申请。

（三）实施效果总结

秉持智能化课堂教学观念，打造全方位三维智慧教室，促进学生独立探索、多次研习，课堂实操时间大幅减少。融合多样化信息技术教学策略与复合式教学模式，师生互动及学生间交流活跃，课堂氛围和谐，学生积极性显著提升，课程资源平台利用率翻倍增长，学生在刺绣岗位的职业技术和创新思维获得业界的肯定。

二、“绣花产品设计与工艺”课堂革命教学案例

张金磊在 2012 年首次提出了融合模式的翻转课堂教学，该模式被应用于本科生“信息技术与课程融合”课程的教学中，显示出较高的实用性。继而，罗雅清等将这一教学模式拓展至高等职业教育的基础课程领域，包括数学、英语和计算机等课程。经过文献检索分析，可以看出融合模式的翻转课堂教学主要被应用于高等职业技术学院的基础课程改革上，而在专业课程以及实训课程中的应用实例则相对较少。

（一）课程教学内容的构建

“绣花产品设计与工艺”是家用纺织品设计专业的关键课程，其教学目标是使学生能够以实物作品展现出在家纺刺绣设计方面的专业能力。为了满足这一教学目标，对课程内容进行了创新性调整，把原本仅限于图案绘制和板型制作的环节，升级为针对家纺领域具体产品的整体设计流程，涵盖了从图案构思、板型制作直至样品成型的全过程。这一系列从构思到成品的转变，极大地

提升了学生的实践操作能力。

（二）课程教学模式的选择

教学策略的制定需基于对课程本质及详细教学资料的深入探究，进而挑选出恰当的教学方法。统一的教学方法未必能适应课程所有教学资料的需求，应当针对资料特点进行个性化的教学设计。

“绣花产品设计与工艺”课程分为两个教学探索阶段。第一阶段，尝试在纺织设计班级中将翻转课堂模式融入实际操作教学。该课程的大部分教学内容适宜采用翻转课堂方式开展，然而在涉及绣花实操及安全注意事项的教学环节，此模式未能完全适应需求。第二阶段，在纺织与纺检专业两个教学班中，实施融合了翻转教学理念的创新教学模式。在课程开始前，教师将学习材料、任务指导、演示文稿以及与课程相关的教学视频，通过教学网站或微信等社交媒体渠道发送给学生。大部分学生能够遵循这些要求，顺利完成预习任务。而对于那些难以按时完成预习或是自学能力有待提高的学生，教师会在课前和课上针对性地提供辅导，确保这些学生能够充分吸收并理解所学内容。

（三）课程网络资源平台的建设

为实现融合传统的翻转课堂教学策略，“绣花产品设计与工艺”课程成功搭建了校园内网络教学平台、国内数字高等教育城课程站点以及课程专用微信服务号。同时，借助 QQ 群组等通信工具，实时分享教学文件，确保学生能够便捷地获取学习材料。课程微信服务号内容针对各个项目任务进行了细致编排，上课前会预先发布下一讲的教学任务、相关资料以及教学视频等资源，使学生能够利用手机等移动设备随时随地自学，掌握课程要点。

（四）课程网络平台的优质学习资源建设

优秀的教学材料对于激发学生的学习热情和确保预习成效至关重要。在运用融合传统的翻转课堂教学策略中，教学团队始终在搜集与课程相关的丰富视频资料和图文并茂的演示文稿。同时，团队还热衷于参与微课程竞赛，制作了一系列的微课程教学视频，以此丰富课程资源库。这些资源涵盖了图案设计的步骤、板型制作流程以及后期刺绣机操作的详细视频教程，均可作为教学辅助材料使用。

尽管互联网上可以搜集到一些视频和图像资料作为辅助学习材料，但这些材料与课堂教学内容并不完全匹配。部分视频的教学讲解较为浅显，导致学生难以深入理解。基于参与江苏省教育厅举办的微课竞赛所积累的系列微课制作经验，教学团队将持续打造网络平台上的高质量教学资源，精心制作与课程内容紧密相连的同步教学视频及PPT课件。

（五）教师的课堂组织能力与执教能力的提高

推行混合模式的翻转课堂的教学模型，实际上是对教师课堂教学管理技巧、专业技能以及职业修养等多方面素质的全面检验。在开展这一模式之前，研究小组的成员们踊跃参与省级及校级举办的各项教学技能竞赛，涵盖了教学方案设计、信息技术辅助教学和微型课程等多个类别。通过这些比赛，他们不仅丰富了课程资源，而且在实践中发现了自身的不足，并持续进行自我优化，增强了课堂管理、教学设计和教学实施的能力。得益于课题组成员早期的辛勤付出，成功打造了模型运作所需的软硬件基础，为后续构建与教学进度相匹配的高质量资源库积累了宝贵经验。在引入结合了翻转课堂元素的混合教学模式之后，项目组对纺织和纺检两个班级进行了深入研究。研究主要围绕教学内容的有效性、通过微信分发学习资料的策略、学习资源的质量和呈现形式、需要补充的教学资源种类，以及网络平台对提升学习成效的作用等多个方面展开。研究发现了一些共性问题，如学生们对于学习资源的选择倾向大体一致，更偏好于图文结合、短视频或视频形式的学习材料，对课程教学内容比较满意，普遍认为网络平台的使用对学习效果有一定的提高作用，课程资源可以用于辅助教学，对于具有一定挑战性的课前任务愿意学习但希望得到足够的资料或提示。学子们普遍看好微信在教学中的辅助作用，多数乐于承担具有一定难度系数的学习任务。在获取学习资源的偏好上，他们更偏向于选择短小精悍的微课、生动形象的视频以及内容丰富、形式多样的图文资料。在课程资源的偏好上，两个班级的学生展现出了各自的独特性。纺织班中有半数的学生对教学视频资源充满兴趣，而有22%的学生更关注行业内的最新技术和市场动态，另外28%的学生则对企业案例研究表现出浓厚兴趣。与此同时，纺检班中有61%的学生对行业内的最新技术和市场动态表现出极大的兴趣，有23%的学生偏好教学视频资源，而16%的学生对企业案例研究更感兴趣。通过混合式教学的翻转课堂模式在“绣花产品设计与工艺”课程中的应用反馈来看，这种教学模式具有显著的实用性，有助于激发学生的自主学习能力，从而提升了教学的整体效果。

（六）课堂革命的实施效果

混合模式的翻转课堂在专科院校的专业课程领域展现出其实施潜力，“绣花产品设计与工艺”课程在在线平台、课程内容以及教学策略等多个层面已具备一定的发展基础，然而依旧面临若干挑战，如教学流程的设计需深入优化、与课程同步的视频材料和PPT亟须加强完善，这为课程未来的发展及革新指明了路径。

三、“智能纺纱技术”课堂革命教学案例

纺织服装学院采用微信公众号（订阅号）开发了现代纺织技术专业“智能纺纱技术”课程的微信平台，为学生提供学习资源发布、重要知识点关键词查询等服务，尝试基于课程微信平台的“翻转课堂”和“混合式”课堂革命教学改革，有效改善教学效果，提升教学质量。

（一）课程微信平台的开发背景

“智能纺纱技术”为我校现代纺织技术专业（纺织工艺与贸易方向）的拓展课程和专业核心课程，旨在培养纺纱行业新产品开发与工艺设计的高素质、技能型人才。该课程以项目为载体、任务为驱动，学生分组、分角色，按照实际工作过程完成新型纱线产品开发项目，是一门实践性较强的理实一体化课程。由于纺纱产品的开发涉及开清棉、梳棉、精梳、并条、粗纱、细纱、络筒等诸多工序，同时还涉及各半制品的性能测试与质量管理，对教学场所、仪器设备有较高的要求。在以往的教学过程中，遇到的突出难点是课堂教学的有序性难以掌控，学生缺乏教师及时有效的指导。

（二）课程微信平台的内容制作

1. 内容结构与形式

考虑到课程的特殊性及微信公众号的性能，将推送消息分为以下几个模块：任务布置、课前作业、参考资料、安全事项及拓展知识。其中，“任务布置”模块使学生明晰下节课的主要目标、任务；“课前作业”模块引导学生根据给定的资料自主学习，旨在让学生对下节课所要完成的项目任务进行充分了解，对任务完成的方法及步骤做到心中有数；“参考资料”模块主要用于课前学生自主学习或课上辅助学生完成项目任务，内容与“课前作业”相配套，可以采用文字、图片、视频、微课等多种形式；“安全事项”模块是偏实践类课程实施过程中的重中之重，是将下节课仪器设备使用过程中可能遇到的安全问题一一列出，以警示学生课堂上注意安全，避免因误操作机器等造成安全事故；“拓展知识”模块用于课后学有余力的学生自主学习，对所学知识技能进行升华。

2. 内容设计与排版

高职学生更倾向于简洁明了的知识点呈现形式，因此，每日推送的平台内

容应以短小精悍为原则。学习用时应在15~30分钟，尽量减少画面的色彩差异和层次感，能用图表、图片或动画视频表达的内容尽量不用文字。若采用文字则应字体清晰且行间距适宜。

3. 微课的录制

微课以短小精悍的形式清晰地呈现重要或较难的知识点。一份好的微课作品可以给课堂教学节省很多时间，有助于提高教学质量。然而，由于教师在摄影、视频剪辑与制作等方面的能力欠缺，录制视频并剪辑成微课需要花费大量的时间、精力和财力。如果没有时间和财力的保障，教师使用微课教学的积极性将很难提高。

教学团队采用录屏的方法制作微课，将重要或疑难知识点以图片或表格的形式呈现，必要的部分插入录制的视频，并配以教师的讲解。这种微课录制方法无须专业视频制作团队，简单易行，成本低廉。

4. 课程知识点数据库的编制

利用公众号的关键词自动回复功能，可以将课程的重要知识点编制成数据库，学生有任何疑问可以随时登录课程公众号，在对话框中输入关键词查询相关知识。可以将知识点编辑成文字、图片、视频等多种形式。该自动回复功能方便快捷，非常适合学生自主学习。

（三）课程微信平台的使用

1. 平台信息的发布

学生对于课程微信平台这种新的课程资源发布方式较为陌生，应当在开课时给学生作适当的辅导，对发布的课程资源各模块进行功能界定，让学生明确如何通过发布的资源进行有效的学习，并完成教师布置的课前作业。课程资源的发布时间应固定在上课前的某一时段，如上课前一天下午6时，以便学生合理安排时间，取得良好的课前预习及学习效果。

2. 平台资源使用效率的提高

课程微信平台尝试之初，并没有完全获得学生的认可，部分学生认为加重了其学习负担甚至经济负担。教学团队对此进行研究，查找影响和制约平台资源使用效率的因素，并采取了积极有效的措施。

（1）平台资源的内容无法激发学生的学习兴趣。高职学生由于缺乏学习的主动性和自我约束力，要求其课前花费大量时间进行自主学习的难度较大。这就需要教师进一步改进课程内容，改善课程评价体系，实行激励机制。在课程教学过程中，团队将班级学生分为若干小组，学院提供仿真的工作环境和所需的仪器设备，每个小组完成一个来源于企业的真实的新型纱线产品开发项目，最终以小组完成的新型纱线产品质量及产品生产过程中的生产技术资料作为评价小组成绩的主要指标。这一方法让学生体会到“学习即是工作”的乐趣，有效提升了学生的学习热情。在每期推送的课程资源中，要求学生将课前作业在规定时间内提交到课程网站，而课程网站提前做好设置，提交作业时不允许拷贝文字内容，只能通过手工输入，这一设置可有效防止学生抄袭。此外，布置差异化作业也是有效监督学生进行自主学习的良好方法。学生在真实项目的引领下，体验基于工作过程的“做中学”，培养了团队合作精神，产生高度的责任感和使命感，学习更加积极，显著提高了课程微信平台发布的学习资源使用率。

（2）校园无线网的铺设范围及网速无法满足平台资源的使用要求。校园内的无线网络铺设情况对平台资源的使用效率存在较为显著的制约作用。学生使用自费流量观看微信平台发布的课程资源积极性不高，很多学生建议课程资源取消“微课”形式的原因是自费流量收费较高或校园内无线网络速度较慢，无法正常播放微课视频。针对这一问题，我们积极调整了平台资源推送的时间，使得学生拥有充裕的时间自由安排学习时间和场所。此外，尽量避免录制较大格式的微课，部分微课用“图片+文字”的资源形式取代。

（四）课程微信平台在课堂教学中的使用实效

1. 基于微信平台的“翻转课堂”实效

课程微信平台给“翻转课堂”提供了理想的技术支持，教师可以将微课、图片、文字等多种形式的资源进行整合，通过课程微信平台统一推送给学生，学生只需在手机中关注课程微信公众号，就可以接收到教师发送的学习资源。

在“智能纺纱技术”课程教学中，教学团队尝试在产品设计、工艺优化（实验方案的制定）等教学环节中采用“翻转课堂”的教学模式，学生通过学习教师推送的微课，完成相应作业，并在课堂上相互交流讨论，再由教师讲解重点和难点。绝大多数学生能够积极配合教师，较好地完成学习任务，有效解决了该课程理论教学时课堂上出现“低头族”的现象。当然，“翻转课堂”在高职学生中的实施效果与教师的正确引导和管理监督密不可分。此外，考虑到安全问题及教学实效，有关实践操作的教学环节不建议采用“翻转课堂”。

2. 基于微信平台的“混合式”教学实效

“智能纺纱技术”课程的大多数教学环节都是在实训基地或实训室进行的，由于实训场地空间较大，加之设备运转噪声较大，无法像传统课堂那样实施教学。教师虽在实训场地巡回指导，但仍不能完全满足所有学生的学习需求。而采用基于微信平台的“混合式”教学，可有效地解决这一问题。

将课堂上可能遇到的问题及解决方法通过微信平台推送给学生，如纤维染色的工艺流程、纤维或纱线性能测试仪器的操作方法、数据处理的方法和步骤等，学生可根据教师提供的资料自行学习，无须与教师进行一对一的沟通。此外，学生还可以通过课程网站观看和下载更多的学习资料。通过“混合式”教学，极大地提高了学生自主学习的能力，增强了其可持续发展能力，同时进一步提高了实践教学的有序性。

第五节　金课建设的特色、评价与成效

一、翻转课堂的特色、评价与成效

为了证明在高职实施翻转课堂教学模式的效果，实施了为期两年的教学改革实证研究。依据翻转课堂学习经历的6个维度，对产生的实证研究数据进行归纳和分析。发现采用翻转课堂的教学班级（A班）和传统班级（B班）相比，整体来讲，A班的学习体验优于B班，两班在教与学上存在显著的差异。

通过问卷调查与课后交流了解到，A班的学生在“良好的教学”方面评价较高，更容易被任课教师的专业水平和教学魅力所吸引。翻转课堂教学实施时，教师能够关注到每一位学生的学习情况，并通过交流激发学生的学习参与热情，使其充分享受讨论与分析的过程；而传统教学以讲授为主，教师没有办法兼顾每一位学生，学生的体验与参与度不佳，学习热情不高。

翻转课堂的小组协作式的学习环境，也更受学生青睐，再加上很多具有现代气息的信息化教学设备，营造出了一种轻松、自由的交流与学习氛围，易于激发学生的学习热情，提高了学习的参与度；而传统教学固定、缺乏新意的布局与设备，很难激发学生更多的学习热情。

从项目实施的实际效果来看，A班的学习方式更偏向于深层学习、探究学习。团队协作能力，独立分析问题、解决问题能力，自主探究学习能力，时间管理能力等综合素质，以及学生对课堂教学的满意度，都明显高于B班。A班学生的信息技术检索与应用能力得到明显提高，借助信息检索和互动讨论自主解决问题的学习氛围有效形成。通过交流，学生都很喜欢这种基于信息技术的自主探究学习过程，认为通过这种方式不仅能够激励他们学习，调动学习积极

性，提高信息技术应用能力，还可以促进其扩散思维发展，学会独自解决问题的方法，解决问题后会有非常大的成就感。

（一）学习成效影响因素

影响高职生翻转课堂学习成效的因素比较多，张安民提出了一个信效度分析表，引入自我效能、教师行为、教材特性、认知易用性、认知有用性、学习态度、学习意图等变量，认为学生的学习行为意图越强烈，翻转课堂的学习成效就越好。笔者认为教学成效会受到学生个人因素（自我效能）、教学情境（教师行为与教材特性）、学习环境感知与学习方式等因素的显著影响。

对于高职生群体而言，翻转课堂学习过程中同时存在"他引性"和"自觉性"的影响因素。自觉性就是学生的自我效能感，他引性是指教师行为与教材特性所主导的教学情境、与学生一起营造的学习环境等。

一方面，目前的高职生来源多样、层次多样，导致知识体系、接受能力、学习动力与目标等都有较大差异，对此翻转课堂提供了一种解决方案，但学生是否具有主观的学习和参与欲望，即学生的自我效能感是否强烈，是翻转课堂能否翻转成功的关键。另一方面，一些学生习惯了传统的填鸭式教学，刚开始难以适应教师上课不讲新知识，主要依靠课前自主学习的形式，经过几次翻转课堂实践，课后多看微视频、多思考，根据教师提供的学习提纲自己归纳知识点，才慢慢适应。所以，学生个体的自我认知、自我反思和学习成效有一定的关联性，并可以通过学习过程中的自我调节影响学习成效。

教师行为包括翻转课堂教学时的教师引导、互动讨论、答疑解惑、成果评价等多个方面。高职生与本科生相比，有着不一样的学习特性。他们有学习的期望，但能力不足；有自主学习的过程，但效果不好。所以，翻转课堂学习过程中的教师引导必不可少，否则，高职生的求知欲将大大减弱，学习的目的性与方向性也不能有效保持。互动讨论和答疑解惑是翻转课堂的主要组成部分，是课堂教学的主要组织形式，课内知识内化的重要实现手段，其重要性不言而喻。因此，良好的师生互动与交流，对高职生的学习成效有着重要影响。

（二）科学合理的基于过程的学习成果评价体系

成果评价体系是对学生学习过程与结果的认可和测量，可有效激发学生学习兴趣，并持续保持。教材特性包括教材各章节的内容设计、教材呈现手段、微视频案例设计与呈现、师生之间及学生之间的学习交流等。教材特性对高职生翻转课堂学习有较强的导向性，更多的学生习惯按照教材的引导逐步学习，教材的正确性、适用性和趣味性对学习成效产生重要影响。因此，教师行为和教材特性是学习成效的重要影响因子。

翻转课堂学习过程中采用什么样的学习方式，也将对学习成效产生影响。学习方式因素包括学习动机、学习策略两个方面，明确的学习动机、合理的学习策略可以使翻转课堂得到有效实施。学习动机是内在的、深层的，则其学习策略也极有可能是深层的，学习成效也会更好。反之，如果没有深层的内在学习动机，则一定不会产生多好的学习成效。科学合理的、深层的学习策略，是良好学习成效的必要条件。如果有深层的学习动机但没有深层的学习策略，那么也无法形成良好的学习成效。

二、微课的特色、评价与成效

利用微信公众号（订阅号）的功能服务教学活动，使教师发布学习资源更加方便快捷，而学生的学习难度也因此进一步减小，学习效率得以提高，实践课堂的组织更加有序，从而有效提升教学质量。课程微信平台具有良好的应用前景，在以后的教学活动中，教师应进一步优化教学资源，充实课程资源数据库，开发成绩评价、课堂小测验等更多实用功能，使课程微信平台成为课堂不可或缺的教学媒介和工具。

三、典型课程课堂革命的特色、评价与成效

（一）“智能纺纱技术”的特色、评价与成效

对学生进行问卷调查，结果显示，学生普遍认为线上线下混合式教学有助于提升其学习兴趣、学习信心、学习效率、自主学习能力、自我控制能力，对已开设的“在线课堂”总体满意率在93.26%以上。但是，调查结果也反映出当前“在线课堂”教师每节课讲授时间“25分钟及以上”的高达80.03%、学生每天学习时间“6小时及以上”的高达73.31%等问题。

通过“课程思政、专创融合”“智能纺纱技术”O2O课堂革命，课程的教学质量不断提高。教学团队每两周组织一次团队活动，共同交流，立足全面育人、全方位育人，对课程思政教育元素进行凝练和提升，实现课程与思政教育的完美融合，在学生学习专业知识的同时，引领学生树立远大理想和爱国主义情怀，培养学生认真负责、踏实敬业的工作态度和严谨求实、一丝不苟的工作作风，最终使学生具备新时代应该具有的责任和担当。“智能纺纱技术”课程思政建设的经验还可以进一步推广到其他平台课程，如“智能机织技术”等，以全面促进现代纺织技术专业的课程革命。

校外专家一致认为“智能纺纱技术”课程强调了思政教学和实践教学的紧密结合，充分体现了“立德树人”的理念。该课程经过建设，已在教学队伍、教学内容、教学方法、实验实训基地建设以及教学组织管理等方面取得优异成绩。课程总结提炼思政元素融入项目案例，依托学校国家级纺织服装实训基地的全流程仿真纺纱实训设备等有利条件，应用情境教学法、项目教学法、案例教学法等多种教学方法，并善于利用网络平台等信息化教学手段，促进教学质量不断提高。

综上所述，初步的实践表明：“线上线下混合式教学”既能较好推动高职课堂革命，也可以实现“学生个性化学习，教师差异化教学，管理者精准治理”的建设目标。教学团队将不断研究和优化“线上线下混合式教学”模式，促进“智能纺纱技术”课程效能不断提升。

（二）“绣花产品设计与工艺”的特色、评价与成效

项目采用“双向双线双主体”全过程评价方式，即“理论笔测+实践结果”双向、“线上线下”双线、“学校企业”双主体，系统全面地对学生进行考核与评价。HiTeach 智慧教学系统、课程平台生成性数据评价系统可以实现学习过程的线上全程记录，学校教师和企业师傅依据教学标准和岗位标准对学生的终结性结果进行考核与评价，学生可以进行自评、互评。学生最终成绩由过程性评价和终结性评价两部分组成，其中过程性评价包括课前预习情况、课堂签到、讨论、测试、课后拓展任务完成情况等，占总成绩的30%；终结性评价包括理论考核终结性评价（20%）、实践结果综合性评价（40%）和态度表现评价（10%），实践结果包括工艺单、刺绣产品质量、PPT 制作、展示汇报。

学生课前学习的质量，直接决定着混合模式的翻转课堂模型的教学环节能否顺利实施。因此，教师课前的准备工作要非常充分。首先，要非常熟悉本次课的教学内容和教学环节；其次，课前准备的学习资源多样化，根据学生的喜好和兴趣，既要有视频资源、图片资源，同时还需要准备一些文件资源，如学案、任务书等。教师布置课前的任务时要具体、详细，可实施性强，学生依据个人能力，在教师准备的资料的基础上能够完成。另外，进行课堂教学时，必须检查学生课前任务的完成情况，根据每个小组的完成情况进行下一步任务或教学环节的安排。根据课前任务完成的情况，进行考核评估，完成情况较好的给予鼓励，如平时分加分、可以进入下个环节的学习等；对于完成情况不是很理想的学生，教师需要重点指导，帮助学生掌握知识或技能。

参考文献

[1] 范双喜，叶克，杨学坤，等. 高职智慧农业专业群的组群逻辑与建设路径［J］. 中国农机化学报，2023，44（10）：254-259，280.

[2] 刘兴恕，关志伟，尹万建. 高职汽车智能技术专业群课程体系建设的实践探索：以湖南汽车工程职业学院为例［J］. 中国职业技术教育，2022（8）：38-45.

[3] 盐城工业职业技术学院积极推进高水平跨国企业混编师资队伍建设［OL］. 2024-5-10. http：//www. rmlt. com. cn/2022/0602/648666. shtml.

[4] 何丽丽. 目标贯通与融合：高职专业群“课程思政”改革路径［J］. 中国职业技术教育，2019（29）：39-43.

[5] 盐城工业职业技术学院推进“三全育人”改革实践［OL］. 2024-5-10. http：//jyt. jiangsu. gov. cn/art/2023/11/20/art_ 57813_ 11075926. html.

[6] 专业教育和创业教育不能“两张皮”［OL］. 2024-5-10. http：//www. rmlt. com. cn/2017/0728/486585. shtml.

[7] 周彬，赵菊梅，徐帅，等. 以专业群构建产业学院：零距离对接纺织产业链［J］. 纺织服装教育，2022，37（4）：308-312.

[8] 俞丹，王炜. “纺织概论”课程思政的教学实践与研究［J］. 教育教学论坛，2022，（37）：89-92.

[9] 王利平，张翔，吴薇，等. “纺织专业导论”课程思政建设探索［J］. 纺织服装教育，2021，36（6）：530-533.

[10] 王晓梅，钱幺，黄钢，等. 纺织工程专业核心课“纺纱学”课程思政研究与建设［J］. 纺织服装教育，2023，38（5）：61-64.

[11] 吴丽莉，陈廷. 纺织学科专业课程中蕴含的思政元素分析［J］. 化纤与纺织技术，2024，53（1）：215-218.

[12] 康强，纪惠军，秦辉. 高职院校纺织服装类专业课程思政的研究与实践［J］. 工业技术与职业教育，2022，20（4）：89-91.

[13] 李国锋，王新萍，王莉，等. 高职院校织物组织设计与小样试织课程思政建设思考［J］. 山东纺织科技，2023，64（2）：46-48.

[14] 郑玥，孙卫芳. 高职院校专创融合培育卓越技术技能人才的现实困境与实施策略［J］. 教育与职业，2022，1024（24）：85-90.

[15] 马磊. “纺织之光”2018 年度中国纺织工业联合会纺织职业教育教学成

果奖巡礼（三）[J]. 纺织导报，2019（3）：93.
[16] 周红涛，姜为青，王曙东，等. 多维协同培养纺织专业创新创业人才的探索与实践 [J]. 轻纺工业与技术，2020，49（11）：180-181，184.
[17] 韩燕霞. 高职院校“专创融合”课程体系的问题反思与重构 [J]. 江苏高教，2022（12）：122-127.
[18] 范建波，罗炳金. 产教融合视角下创新创业协同育人的体系构建：以纺织专业群为例 [J]. 浙江纺织服装职业技术学院学报，2021，20（4）：83-86.
[19] 陈贵翠，张立峰. “技能+素质”双菜单同轨创新创业型人才培养模式研究：以现代纺织技术专业为例 [J]. 纺织服装教育，2016，31（2）：108-110，116.
[20] 胡锦丽，李宏达，程智宾. 岗课赛证融通的模块化课程体系研究实践 [J]. 重庆电子工程职业学院学报，2024，33（1）：86-93.
[21] 凌子超. “岗课赛证”融通视域下高职纺织专业教学改革与实践：以一次成型针织课程为例 [J]. 化纤与纺织技术，2023，52（10）：70-73.
[22] 吴惠玲，杨彦. “互联网+”背景下职业院校党建工作创新性研究：以开展“创建空间”为例 [J]. 职业，2019（32）：46-47.
[23] 姜朋明，张荣华. 高职院校办学体制机制创新与实践研究：以盐城工业职业技术学院为例 [M]. 北京：中国纺织出版社，2017.
[24] 陈宝生. 努力办好人民满意的教育 [EB/OL].（2017-09-08）[2022-01-25]. http：//www.scio.gov.cn/31773/31774/31779/Document/1563070/1563070.htm.
[25] 王猛，王华. 移动互联网环境下混合式教学模式在高职英语教学中的实践 [J]. 昆明冶金高等专科学校学报，2018，34（6）：26-30.
[26] 张刚. 信息化技术在项目化教学中的应用研究 [J]. 辽宁高职学报，2018，20（1）：53-56.
[27] 周海晶，唐天聪. 移动学习背景下基于雨课堂的翻转课堂教学研究 [J]. 西部素质教育，2019（3）：111-112.
[28] 陈志军，李时辉. 高职“学赛一体、研创融教”的双元协同育人体系创新与实践 [J]. 高等工程教育研究，2020（3）：138-142.
[29] 杨丽芳，卢卫中. 深化产教融合校企协同育人：混合所有制二级学院的探索与实践 [J]. 中国高校科技，2019（Z1）：98-99.

［30］王谦，高波，康灿，等．产教融合育人体系构建与实践：以江苏大学能源与动力工程专业为例［J］．高等工程教育研究，2019（S1）：262-263，299.

［31］薛伟明．以通识教育为导向的高职院校“产教融合”人才培养模式［J］．江苏高教，2020（12）：148-151.

［32］吴加权，陈红娟，胡永盛．产教融合下“双创”教育的优化路径：以江苏农牧科技职业学院为例［J］．中国高校科技，2019（12）：65-68.

［33］李自海．微课在高职教育教学改革中的应用探索［J］．亚太教育，2016（25）：122-126.

［34］徐慧琳，胥民尧，陈惠惠．高职院校翻转课堂构建有效性问题与对策［J］．湖北开放职业学院学报，2023，36（12）：79-81.

［35］张军．课堂革命：线上线下混合式教学：以成都市武侯区中学“停课不停学”实践为例［J］．教育科学论坛，2020（14）：54-56.

［36］刘艳，周荣梅，秦晓，等．智慧课堂理念下高职产品设计类课程的教学设计与实践探索：以《服饰电脑刺绣设计》课程为例［J］．辽宁丝绸，2023（186）：76-77.

［37］赵菊梅，高小亮．高职“新型纱线产品开发与工艺设计”课程的教学内容设计［J］．纺织服装教育，2013，28（1）：49-51.

［38］陈贵翠，刘玉申，陆鑫，等．高职纺织专业科教融汇的实践路径研究［J］，现代职业教育，2024（8）：141-144.

［39］刘玉申，况亚伟，马玉龙，等．“光电电路课程设计”的教学研究与实践［J］．中国电力教育，2013（23）：62-63.

［40］刘玉申，杨希峰．激发学生学习主观能动性的几点建议：以大学物理教学为例［J］，中国电力教育，2010（34）：100-101.

［41］颜井平，刘玉申．现代远程教育开展智力扶贫的创新策略研究［J］．中国成人教育，2018（1）：153-156.

第六章　高水平专业群金教材建设研究

在教材建设研究工作中，盐城工业职业技术学院纺织服装学院始终坚持加强思想政治引领，筑牢理想信念根基，围绕立德树人根本任务，以国家“样板支部”为示范，以优质课程为关键，以“三师”团队为保障，以各类平台为支撑，构建党建+业务“五融五促”工作模式，深入推进“三全育人”综合改革，着力建设有温度的“育人工程”，书写有厚度的“育人答卷”，打造有亮度的“育人品牌”。纺织服装学院第一党支部获评“全国党建工作样板支部”，学院党总支入选“首批全省党建工作标杆院系”培育建设单位。在高水平专业群的金教材建设过程中，始终牢记为党育人、为国育才使命，强化“全国样板党支部”的示范带头作用，打造省级标杆院系，在党旗引领下再谱匠心育人新篇章。

第一节　“互联网+”新形态优质教材及配套资源建设

一、思政元素融入教材建设研究

树立思政融合专业理念，加强教材顶层思政脉络设计，引导广大师生树立正确的价值观和行事准则，实现人才培养以德为先的目标。构建基于专业群标志特征的课程思政案例体系，结合盐城地域红色文化、从纺织传统文化、纺织变革、丝路纺织、纺织新科技、乡村振兴、疫情下的纺织等挖掘思政元素，增强文化自觉，重塑文化自信，弘扬工匠精神，集成一体化思政案例资源库，贯穿专业群核心课程及岗位对接全过程培养。同时，以纺织专业留学生培养为平台，加强对外传播中国纺织文化。教材用于留学生教育教学过程中，同步国内学生实施专业思政教育，学生不但可以学习汉语，掌握中国纺织制造的先进水平，还可以了解中国纺织传统文化，进而提升大国纺织文化软实力和文化影响力。

二、教材内容项目化建设研究

高职教育作为高等教育的重要组成部分，承担着培养社会所需技能型人才的重任。然而，传统的高职教材往往重理论、轻实践，难以满足学生职业发展的需求。项目化教材的出现，为高职教育提供了新的教学思路和方法。通过以项目为中心的教学模式，项目化教材能够有效提高学生的实践能力和创新能力，为其未来职业发展奠定坚实基础。

在高职工科类专业的教育教学中，实施项目化教学是通过实践证明的优秀教学方法之一，多年来，高职教育是一路倡导项目化课程开发和建设，纺织专业群自然也不会例外。项目化教材也是我校开展教材开发和建设的最主要形式，然而项目化教材经过多年的发展，仍然存在一些突出问题。

首先，教材的数量和质量问题。近年来，高职项目化教材的数量呈现快速增长的趋势，几乎覆盖了所有的专业领域和专业核心课程。但在数量增长的同时，也存在质量参差不齐的问题，主要表现在教材内容陈旧、结构和逻辑不清晰等问题，与现在职业教育和产业需求存在不衔接的情况。其次，内容和结构体系的创新性。随着职业教育改革理念的深入，大部分教材在内容设计上都有了显著的改革和创新，特别是在引入行业新技术、新的产品工艺案例等方面，更加贴近了实际的工作需求，在内容结构上多采用项目和任务驱动的教学实施模式，创设一定的工作情境，有效提升了课堂学习效果。但仍有部分教材存在内容未能突破传统知识架构，缺乏创新思维和实践能力培养，项目设置不合理、任务难度不恰当、知识和技能衔接不紧密等问题。因此，优化教材内容和结构体系，优选项目载体、重构课程知识体系仍然是教材建设和研究的重要和关键内容。再次，因为高职生源类别较多，有中职、高中、社招、留学生等类别，高职项目化教材的适用性和针对性存在一定问题，加之行业新技术的快速更替，对教材的更新速度、国际化水平提出了前所未有的要求。最后，教材的立体化资源及其更新速度也存在一定的问题。当前信息化技术飞速发展，教材资源的形式也发生了巨大改变，传统纸质教材正在向立体化多媒介教材转变，新形态教材需要配套建设整套的教学视频、实训仿真软件、产品和技术案例库、试题库等多种资源，在进行教材开发建设过程中，如何确保资源的高品质、易获取、快更新是我们需要持续关注的问题。

结合高职教材开发建设的若干问题，我校在开发项目化教材的历程中主要遵循实用性、实践性、发展性、就业导向性及多方参与等原则，以确保教材品质和适用性。

（一）实用性原则

高职项目化教材的开发应紧密围绕学生专业需求，选择具有实际应用价值的素材。教材内容应与实际工作场景紧密相连，确保学生在学习过程中能够掌握实用的职业技能。同时，教材内容应及时更新，反映行业最新动态和技术发展，以提高学生就业竞争力。

（二）实践性原则

高职项目化教材在降低理论要求的同时，不应忽视理论知识的支撑作用。理论知识的选择应紧密围绕项目实践需求，为技能学习提供必要的基础。教材应创设“做中学、学中做”的情境，让学生在实践操作中掌握理论知识，提高学习效果。

（三）发展性原则

高职项目化教材的内容应及时反馈新知识、新技术的发展，为学生自学和继续深造奠定坚实的文化基础。教材内容应具有一定的前瞻性和预见性，以适应未来职业发展的需求。同时，在教材开发过程中应充分考虑学生的可持续发展能力，培养其自主学习和终身学习的能力。

（四）就业导向性原则

高职项目化教材的开发应紧密结合就业市场需求，根据职业岗位的技能要求编写教材内容。教材应注重学生实践技能的培养和职业素养的提升，使其毕业后能够迅速适应工作岗位的需求。此外，教材更新周期应短，内容调整应快，以适应劳动力市场的快速变化。

（五）多方参与原则

高职项目化教材的开发应鼓励学生、教师、企业和社会各界的广泛参与。教材开发者应深入调研市场需求和学生需求，充分了解各方的意见和建议。通过民主参与的方式，可以确保教材内容符合实际需求，提高教材的针对性和实用性。

相比传统教材，我们开发的项目化教材具有显著的优点。一是教学目标更加明确。项目化教材的脉络设计，在项目开展之初，首先让学生明确本项目的教学目标或学生需要学习、训练的主要技能，有时创设真实而有意义的工作情境，撬动学习变革，引人入胜。二是项目内容来源企业真实产品，实现与行业企业零距离对接，学生通过学习，可以快速融入企业产品线，能够更好地理解工艺和产品开发的真谛。三是学习成果物化、产品化。通过完成项目的学习和工作任务的达成，学生可以亲手制作一款产品或练就一项具体的工作技能，可以大大提升学生的课堂参与度和学习积极性。通过结合分组竞赛等教学手段，可以实现理想的课堂学习成效。

三、教材资源数字化建设研究

近年来，随着人工智能、大数据、云计算等高新技术的广泛应用，社会生产和居民生活各领域均发生了深刻变革，对职业教育领域也产生了深远影响。高职教育作为培养高素质技能型人才的重要阵地，其教材资源的数字化建设显得尤为重要。教材作为知识传播和人才培养的重要载体，其数字化建设不仅能够突破传统纸质教材的局限，提高教学效果，还能满足学生多样化的学习需求，促进教育公平与质量的提升。

（一）高职教材资源数字化建设的现状

1. 政策支持与推动

近年来，国家和教育部出台了一系列政策文件，积极推动职业教育教材资源的数字化建设。如《高等学校数字校园建设规范（试行）》《关于推动现代职业教育高质量发展的实施意见》等文件明确提出，要完善职业教育教材的编写、审核、选用、使用、更新、评价监管机制，引导地方、行业和学校建设地方特色教材、行业适用教材、校本专业教材。这些政策文件的出台，为高职教材资源的数字化建设提供了有力的政策保障和指导方向。

2. 数字化教材资源的初步形成

在政策的引导下，高职教育领域积极探索教材资源的数字化建设。一方面，部分高职院校依托自身的教学资源平台，开发了一系列数字化教材资源，如在线课程、数字教材、虚拟仿真实验等；另一方面，市场上也出现了一批专注于职业教育数字化教材开发的企业，为高职教材资源的数字化建设提供了有力支持。这些数字化教材资源以其丰富的形式、生动的内容、便捷的使用方式，受到了广大师生的欢迎。

（二）高职教材资源数字化建设的意义

1. 提高教学效果

数字化教材资源通过其多样化的呈现方式（如音频、视频、3D 动画、虚拟仿真等），激发学生的学习兴趣，提高学习的积极性和主动性。同时，数字化教材资源还可以根据学生的学习进度和反馈，动态调整教学内容和难度，实现个性化教学，从而提高教学效果。

2. 促进教育公平

数字化教材资源的开放性和共享性，使得优质教育资源能够跨越地域限制，惠及更多学生。特别是在偏远地区和经济欠发达地区，数字化教材资源的引入可以有效缓解教育资源不足的问题，促进教育公平的实现。

3. 推动教育现代化

数字化教材资源的建设是教育现代化的重要组成部分。通过数字化教材资源的建设，可以推动教育理念的更新、教学模式的改革和教学方法的创新，促进职业教育与现代信息技术的深度融合，推动教育现代化的进程。

（三）高职教材资源数字化建设面临的挑战

1. 资源整合不充分

目前，高职教育数字化教材资源的开发以高职院校为主体，各教学平台的教学资源缺乏共享共建的运作机制，导致资源整合不够充分。各教学平台之间存在壁垒，教育资源难以实现有效共享和互认，影响了数字化教材资源的使用效果和学生的学习体验。

2. 内容设计不够生动

部分数字化教材资源在内容设计上缺乏创新性和生动性，仍以文字图表为主，缺乏具体物件结构的动画展示和生产场景的仿真模拟。这样的内容设计难以吸引学生的注意力，降低了学生的学习兴趣和积极性。

3. 质量监管不到位

在数字化教材资源的开发过程中，质量监管不够到位。一些数字化教材资源存在内容重复、质量参差不齐等问题，难以满足学生的学习需求。同时，由于缺乏统一的质量标准和监管机制，数字化教材资源的选用和使用环节也存在一定的随意性和盲目性。

4. 教师技能水平有待提升

数字化教材资源的建设和使用需要教师具备一定的信息技术能力。然而，目前部分高职教师的信息技术水平还有待提升，难以熟练掌握和运用数字化教材资源进行教学。这在一定程度上制约了数字化教材资源在高职教育中的广泛应用和推广。

（四）高职教材资源数字化建设的对策

1. 加强资源整合与共享

为了加强资源整合与共享，高职院校应积极与其他网络媒体平台合作，建立共享共建机制。通过整合各平台的教育资源，形成优势互补、资源共享的局面。同时，建立统一的数字化教材资源标准和互认机制，确保数字化教材资源在不同平台之间的兼容性和可操作性。

2. 注重内容设计与创新

在数字化教材资源的内容设计上，应注重创新性和生动性。通过引入音频、视频、3D 动画、虚拟仿真等多种形式的媒体元素，使教材内容更加丰富多彩、生动有趣。同时，结合高职教育的特点和学生的实际需求，设计符合职业教育特色的教学内容和案例，提高教材的针对性和实用性。

3. 完善质量监管机制

为了保障数字化教材资源的质量，应建立完善的质量监管机制。制定统一的质量标准和评价指标体系。

第二节　国家规划教材《纺织材料检测》建设

一、教材建设思路

《纺织材料基础》为“纺织材料检测”等相关课程的配套教材，该课程是纺织服装类专业第一门专业核心课，也是主要的专业技术基础课程、平台课程。紧跟纺织产业发展新业态和行业人才技能新需求，遵循“动态调整、持续改进”的原则，本节系统介绍了人们生产生活中常见的各种纺织产品及其组成单元（纱线、纤维）的分类、基本形态结构、性能表征方法和相互联系；介绍了它们的理化、机械性能（热、湿、力、光、电、服用等）及这些性能的影响因素、测试与评价原理、方法。

引入纺织新材料、检测新标准，融合国家职业资格及纺织面料开发“1+X”证书考核内容，融入纺织文化及技术创新等“思政元素”，打破现有同类教材“纤维→纱线→纺织品”的结构，按照更加符合学生认知规律的“纺织品→纱线→纤维”，由“面→线→点”、由“宏观→中观→微观”的编写思路，以学生职业能力为主线，构建适应不同专业需要的基于“任务驱动”的项目化框架，教材由 8 个主项目 25 个相互融会贯通的大任务组成，主项目包含“考证要点、英文名词术语”，具体任务包含“学习内容引入、知识准备、学习提高、自我拓展”，个别任务还包含一些独立的单元。专业知识、业务能力、职业素质和思政内容相结合，理论简化、内容精练、技能目标明确，兼顾理论性、实践性、拓展性和创新性。

依据课程服务于职业岗位的原则进行整体设计，按照满足“项目化教学”的要求进行内容设置，以学生为中心，采用更加符合学生认知规律和技术技能人才成长规律的“纺织品→纱线→纤维”结构线，以“纺织品认知→性能→检测→分析→评价”职业岗位任务为主线，由感性到理性、由浅入深逐层展开，形成具体岗位任务驱动的适合项目化教学的框架体系，国家职业资格和“1+X”证书考核内容纳入专业教育，内容与时俱进，及时将产业发展的新技术、新工艺、新规范及思政元素纳入教材，突出灵活性、综合性、实用性和可操作性（图 6-1）。

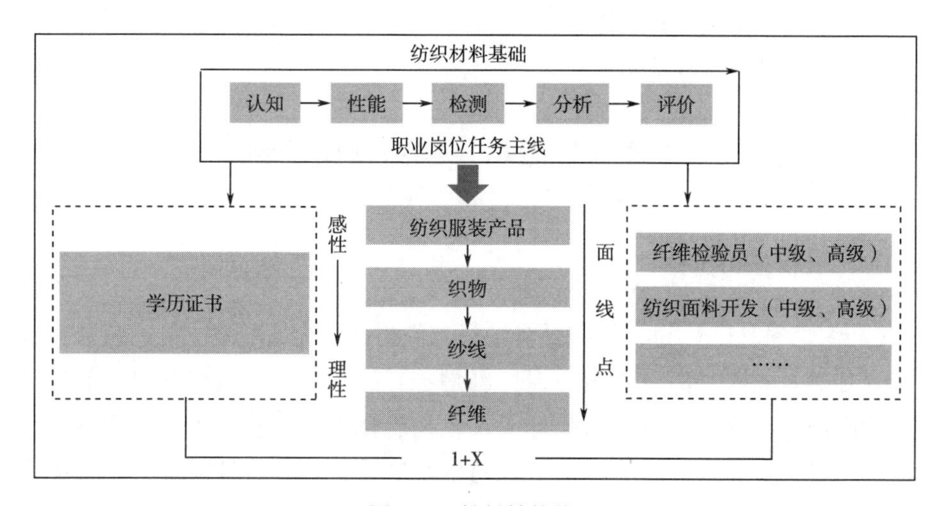

图 6-1　教材结构线

二、教材建设内容

（一）教材内容构建

教材以纺织产品性能检测及应用为核心、以职业岗位任务为主线，按照“纺织品→纱线→纤维”项目化框架结构，围绕纺织品各层及层间的相互关系，从纺织服装面料着手，基于面料的基本属性展开，引入纱线和纤维，逐层深入。内容包括典型纺织产品及其组成单元（纱线、纤维）的分类、形态结构、性能和应用；将国家职业资格标准、“1+X”证书、纺织思政元素、技术创新及新形态资源融入教材，着力构建“课程思政化、内容职业化、产品创新化、资源信息化”的“互联网+”新形态教材（图 6-2）。

（1）课程思政化。将丝绸之路、纺织发展史、中华传统文化纺织元素、

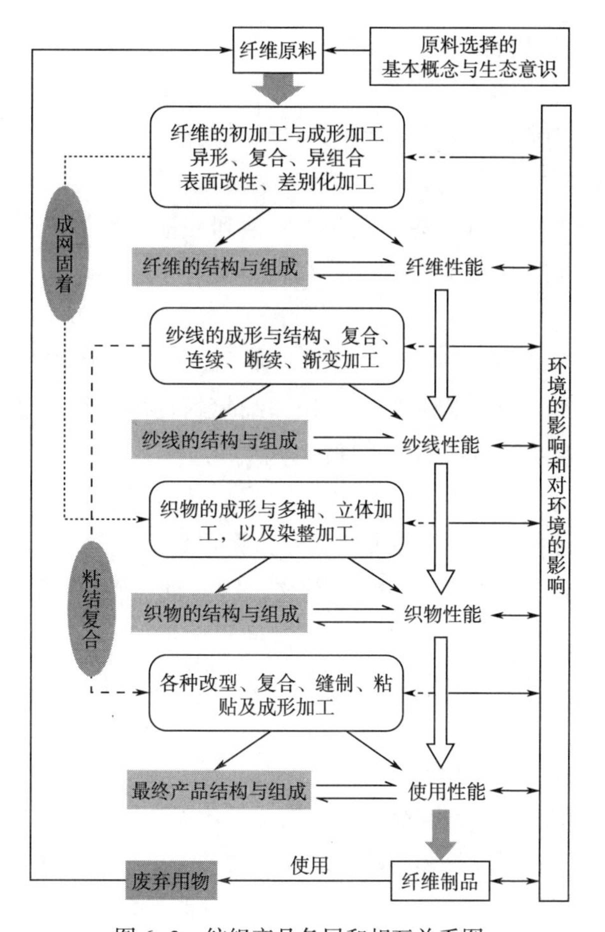

图 6-2 纺织产品各层和相互关系图

生态纺织、纺织产业“走出去”国家战略、纺织强国等融入教材，让学生增强行业自豪感和专业自信心。

（2）内容职业化。围绕纺织品检验与品质评定岗位职业素质要求，将纤维检验员、纺织面料开发等职业资格和“1+X”证书、纺织标准英文名词术语及全国纺织检测大赛考核评价规范引入教材，岗赛课证融通。

（3）产品创新化。将纺织新材料、新技术、新工艺、新规范纳入教材，反映行业最新成果和发展趋势，专创融合，培养学生可持续创新思维。

（4）资源信息化。教材内容与国家精品在线开放课程“新型纺织面料来样分析”、职业教育国家教学资源库课程“纺织新材料”“纺织材料与应用”等数字化资源紧密关联。

（二）教材内容创新

1. 结构新颖、层次清晰

打破同类教材编写的结构层次，针对现有教材均以纤维入手由微观到宏观的思路，尝试以学生最常见的纺织产品为入口，教材内容按照“纺织品→纱线→纤维”层层展开，由宏观到微观、感性到理性，更加符合学生的认知规律和技术技能人才的成长规律。

2. 淡化理论、强化技能

根据高职教育的特点，理论知识以“必需、够用、适用”为度，以“实践性”为主线贯穿全书，把典型工作任务细化到具体纺织产品，通过任务引领技能实践来获取纺织材料的基本理论知识。

3. 课程思政、专创融合

让学生增强行业自豪感和专业自信心，将纺织发展史、中华传统文化纺织元素、生态纺织、纺织强国战略融入教材，树立将“纺织大国”转为“纺织强国”的信念，为党育人，为国育才；以培养学生的学习能力、实践能力和创新能力为核心，引入产业新技术、新工艺、新规范、新材料，激发学生创新思维。

4. 一课一岗、课证融通

整部教材以纺织品检验与品质评定岗位职业素质要求为主线，将具体的岗位任务项目化，职业岗位具体的技能对应教材若干个项目，项目选取的载体与企业实际生产紧密联系，实用性和可操作性强，既浅显易懂，又紧密对应相关国家职业资格标准、“1+X”证书等具体内容，明确考证要点，规范岗位技能实践，实现“一课程一岗位，岗课证融通”。

5. 标准驱动、国际引领

教材内容标准化、国际化，专业术语的表达上与生产、贸易、生活贴近并突出实用性。紧随国家及国际纺织检测标准发展，及时更新教材引用标准，专业核心词汇标注 ASTM 纺织标准术语（ASTM standard terminology relating to textiles）及 GB/T 纺织名词术语，服务纺织行业“走出去”国际发展战略和“一带一路”倡议，为外贸从业人员提供必要的知识储备。

6. 双师助力、贴近产业

依托悦达纺织产业学院，形成以国家特有行业技能鉴定站考评员、省级双优教学团队、教学名师等一批具有丰富的生产、教学实践经验的双师型教师为核心的编写团队，企业产业教授、能工巧匠全程指导，深化产教融合，使教材内容紧密结合生产实际，符合行业需求。

三、教材建设成效

《纺织材料基础》2004年首版，2012年再版，2017年被认定为江苏省高等学校重点教材，2023年获国家规划教材立项。先后有盐城工业职业技术学院、山东科技职业学院、浙江工业职业技术学院、山东轻工职业学院、沙洲职业工学院等高职院校的纺织工程、服装工程、染整工程等多个专业师生作为教材选用，同时也作为校外企业（如江苏悦达纺织集团、江苏双山集团有限公司、江苏中恒纺织有限公司、江苏东华纺织有限公司）员工培训用书，作为第一届、第五届全国纺织面料检测技能大赛和技能鉴定指定参考教材，使用人次已突破10000。

教材的再版、修订都是基于各校使用过程中结合实际教学情况提供的有效反馈意见进行，普遍认为该教材以“工作岗位任务+职业资格”为主线贯穿全书，把典型工作任务细化到具体纺织产品，通过任务引领来凸显纺织材料的基本理论知识、性能及检验、品质评价。内容翔实，结构合理，层次清晰、任务明确，联系实际、结合企业生产检测实践。理论知识“必需、够用、实用”，教材形式上图文并茂、形象直观，配套在线课程，便于学生自主学习；课后实训操作为创新性、设计性、可操作性、综合性的任务实施，以纺织企业及检测行业具体的检测任务为实例，提高了学生分析、测试的综合实践能力；采用最新的检测标准，针对性强，符合行业企业生产、发展需要。

以此教材为基础开发的在线课程包括：国家精品在线开放课程“新型纺织面料来样分析”；国家职业教育专业教学资源库课程“纺织新材料”“纺织材料与应用”；该教材是第一届和第五届全国纺织面料检测技能大赛指定参考教材，盐城工业职业技术学院学生五次蝉联该项赛事团体一等奖。近年来教材共获得如下奖项：江苏省高校优秀精品教材（2007.12，江苏省教育厅）；纺织材料精品课程（2008.8，盐城工业职业技术学院）；“十二五”部委级规划教材（第1版）（2012，中国纺织出版社）；中国纺联纺织高等教育教学成果奖三等奖（2014/2018，中国纺织工业联合会）；江苏省重点教材（第2版）（2015，江苏省教育厅）；“十三五”部委级规划教材（第2版）（2017，中国纺织出版社）；“十四五”职业教育国家规划教材（2023，教育部）。

第三节 省级重点教材《纺织导论双语教程》建设

一、《纺织导论双语教程》教材建设思路

《纺织导论双语教程》是我校现代纺织技术专业（省品牌专业）重点建设的教材之一，也是我校现代纺织技术专业走向国际化的重要体现。目前市场上还缺少一本适合高职院校纺织类专业学生使用的纺织导论双语教材，现在仅有的纺织导论双语教材（苏州大学顾平编写）针对对象为本科生，课程设置指导上明确指出：该书适合采用双语教学，对于提高学生纺织专业英语的阅读与理解能力，积极高效地阅读国外纺织文献、开阔视野、拓宽知识面都有所帮助。通观全书，我们也发现此书内容专业理论深度较深，英语词汇量大、语法难度大，词语结构复杂，很显然，这本教材难以适应高职类纺织专业学生使用。此外，将双语专业教材用于留学生教学，同样需要重视汉语的简练与规范，目前国内对此加以重视的也寥寥无几。基于市场需求，我们必须开发一本《纺织导论双语教程》以较好地服务国内“走出去”的高职类纺织专业毕业生，又能为来华留学生所用。

《纺织导论双语教程》针对刚入学的大一新生，一般在上专业课之前采取讲座形式进行，但由于时间太短、信息量覆盖过大，不能让学生很好地接受纺织导论的知识点；在 2011—2012 年，将单个讲座分为多个系列主题讲座，取得了一定效果，学生对纺织专业有了全新的认识，但仍然不能较为全面地了解纺织导论的知识点。于是在 2013 年开设了“纺织导论与入职训练”课程（90 课时），通过学习此课程，学生对纺织专业有了全新的审视，激发了学生对纺织专业的学习热情。随着纺织国际化的发展趋势越来越深入，以及学生就业倾向由操作型向外贸型方向转变，2015 年在纺织导论课程中引入专业词汇英文单词的学习，但这远远满足不了学生职业发展需求，于是在 2016 年将“纺织导论与入职训练”课程改为双语教学，并形成了《纺织导论双语教程》自编教材。

二、《纺织导论双语教程》教材建设内容

（一）教材内容构建

教材主要以纺织品加工企业岗位群的工作任务分析作为切入口，根据工作对象、内容、手段与成果的要求，将基于学科知识系统的课程教学转换为基于

工作过程的课程教学。将纺织品加工的工作任务作为主线而展开教学，以行动化的学习项目为载体，学生在完成工作任务的过程中学会从事本专业工作的知识和技能，既掌握基础知识和基本技能，又具备一定的分析问题和解决问题能力，成为高技能专门人才。本课程分为 8 个项目，根据不同的专业设置不同的单元教学课时，现代纺织技术专业方向侧重于纺纱和织造，纺织品检验与贸易专业方向侧重于纺织材料和染整，针织技术与针织服装专业方向侧重于针织，家用纺织品设计专业方向侧重于机织和针织（表 6-1）。

表 6-1　《纺织导论双语教程》主要内容

项目名称	项目描述	学习单元
项目一　认识中国纺织	了解纺织技术的发展、我国纺织品发展状况及纺织业在我国的地位	中国纺织发展史
项目二　纺织原料	学会辨别天然纤维、化学纤维、新型纺织纤维	认识天然纺织纤维 认识常用化学纤维 认识新型纺织纤维
项目三　纱线与纺纱技术	了解纱线的生产过程，熟悉机构的主要组成部分及其作用，能准确说出各道工序的半制品名称，学会细纱挡车的值车操作	认识清梳技术 认识并粗技术 认识细纱技术 认识后加工技术 认识新型纺纱技术
项目四　机织物与机织技术	了解机织物生产过程，熟悉机构的主要组成部分及其作用，学会剑杆织机、喷水织机及喷气织机的挡车操作	认识织前准备技术 认识织造技术 认识织造新技术
项目五　针织物与针织技术	了解针织物的生产过程，熟悉机构的主要组成部分及其作用，学会大圆机、横机的挡车操作	认识纬编技术 认识经编技术
项目六　非织造织物与生产	了解非织造织物的生产过程，熟悉常用非织造材料的种类及加工方法	认识干法非织造技术 认识湿法非织造技术 认识聚合物挤压非织造技术
项目七　纺织品染整	了解纺织品的染整加工过程，掌握纺织染整加工各工序的目的及常用加工方法，学会染整设备的操作方法	认识前处理技术 认识染色技术 认识印花技术 认识整理技术

续表

项目名称	项目描述	学习单元
项目八　纺织应用及发展	了解常用的纺织品分类及高科技纺织品种	认识常用纺织品 认识高科技纺织品

（二）教材内容创新

内容定位上精准明确，以高职学生受用为主，留学生使用为辅，同时注重英语和汉语的简练、规范。高职纺织专业类学生入学时英语基础较薄弱，适用简练、规范的英语；来华留学生除了学习我国纺织服装先进专业知识，还要学习汉语，因此有必要在专业导论课上为其提供标准、规范汉语学习资源。

高职纺织专业类学生入学时英语基础较薄弱，采用双语（汉语与英语）一体化进行教学，虽存在较大的难度，但本教材的特色与创新体现在以下方面。

（1）内容选择上结合高职学生特色，弱化专业理论深度，突出专业实践及英语专业知识的结合，吸收纺织导论新型国际化知识，总体体现“简单、够用、实用”的特点，将难以理解的专业知识点通过微信平台帮助学生进行理解（图6-3）。

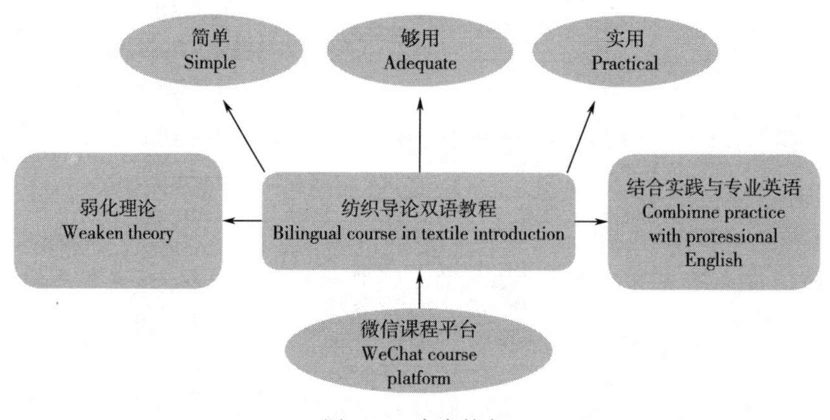

图6-3　内容特色

（2）全书以“学习—尝试—思考—文化浸润”为主线进行教材的编写。其中“Learning”部分以“专业导论文本（text）—英文关键词（keywords）—重点英文关键句（keysentences）”的模式编写，改革了目前市场上大部分中英文双语教材英汉交替翻译的编写模式，“Trying”部分选取典型的专业英语实践题，让学生通过简单的实践动手操作，既激发其对本专业的学习热情，又锻炼其英语表达能力；“Thinking”部分主要提出一些发散性思维的问题，或者将项目导论知识点与日常生活交叉结合的综合题，使学生对专业导论的拓展有一些深刻的思考。

（3）教材为多维立体化云教材。立体化云教材包括适合学生使用的纸媒，电子教材，根据教学内容进行全方位支撑的优质、全真的纺织导论双语视频教学资源，课程网络学习平台等，以及拓展学习的专业技能微视频，学生根据自身的适用性进行真实情境的模拟和实践，完成教材中的“Trying”和“Thinking”部分的内容，并且云教材可记录与监测学生的学习行为。

三、《纺织导论双语教程》教材建设成效

由赵磊、陈宏武主编的《纺织导论双语教程》采取中英文双语编写，初衷是紧扣专业特点，改变本校现代纺织技术相关专业对纺织行业的整体认识，以适应目前就业市场对纺织外贸业务人才的需求。教材于2016年初步成形，当年即以讲义的形式在盐城工业职业技术学院纺织服装学院使用，后又经2017年、2018年两次补充整理，于2018年形成校本教材并立项江苏省高等教育“十三五”重点教材，教材在中国纺织出版社出版后，在本校现代纺织技术、纺织品检验与贸易、纺织品设计专业使用，同时也供国内同类院校使用。本教材还分别于2017年在无锡大耀集团、江苏悦达纺织集团有限公司的职工培训中使用，得到纺织外贸从业人员的一致好评，至今仍被许多纺织外贸职工作为自我学习的参考材料。

因现代纺织技术作为我校唯一的省品牌专业，《纺织导论双语教程》教材知识点较新、国际化接轨度高，能满足我校现代纺织技术专业品牌国际化的发展，刚入学的学生仍然有一定的英语基础，采用双语一体化教学，结合适合他们的国际化双语教材，能够有效地激发他们对纺织行业的学习兴趣，提升专业英语素养，学生反映使用后能更好地适应纺织行业国际化的工作。同时，教材也用于我校近30名服装专业留学生进行纺织专业基础知识的拓展学习，对本书的评价：教材难度适中，对于有中文基础的留学生来说，教材的编写恰到好处。

第四节　省级重点教材《新型纱线产品开发与创新设计》建设

一、《新型纱线产品开发与创新设计》教材建设思路

《新型纱线产品开发与创新设计》是由盐城工业职业技术学院与江苏悦达

纺织集团、江苏新金兰纺织制衣有限责任公司等企业合作开发，并于2018年9月由东华大学出版社出版的“十三五”江苏省高等学校重点教材（2016-1-096）、纺织服装高等教育“十三五”部委级规划教材《新型纱线产品开发与创新设计》，为高职院校现代纺织技术专业核心课程任务驱动型教材。

本书可作为高等纺织院校现代纺织技术专业核心能力教材，特别适合作为高职高专院校纺织职业技术任务驱动教学做一体化教育教材，也适合作为本科院校、成人高校的纺织类专业教材，亦可作为纺织类科研单位和企业技术管理人员、产品创新研发人员、工程技术及经贸营销人员培训教材及自学的参考用书。

二、《新型纱线产品开发与创新设计》教材建设内容

（一）教材内容构建

教材根据高等职业院校教学实际，遵循“岗位引领、学做创合一”的基本原则，系统介绍纺织行业新型纱线产品开发与创新设计的基本做法和要求，以及新型纱线创新创意设计的基本要素、构思方法和实施要求，采用职场化典型案例项目由浅入深进行编排，有机融入纱线开发者必具的工匠精神培育和纱线设计者必备的美学熏陶。运用现代信息技术，针对教学重难点制作精良讲解视频、建设配套的习题库资源，满足学生个性化学习需求。本书共由四个项目构成，主要内容包括认识与分析新型纱线、订单来样纱线开发与设计——经典麻灰纱线开发、市场流行纱线开发与设计——功能性纤维多元混纺纱线开发，以及创新创意纱线开发与设计——新型纱线创新开发思路，循序渐进地进行职场化任务分析和设计实践（图6-4）。

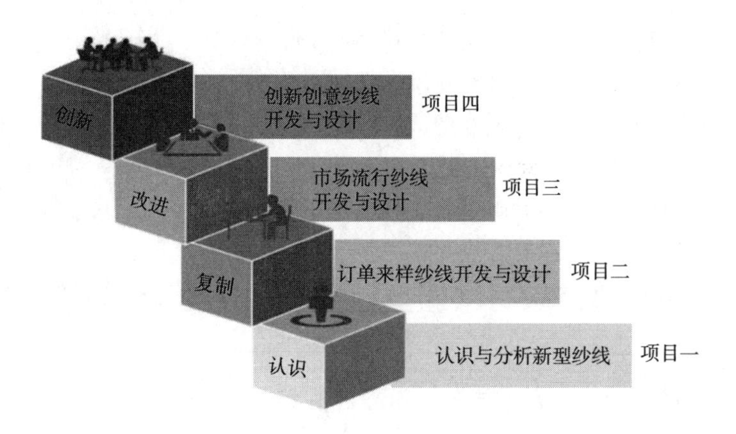

图6-4　教材主要内容与结构

1. 项目一　认识与分析新型纱线

本项目也是教材的知识准备，让读者对目前市场上存在的各种新型纱线种类有一个清楚的认识，共梳理有五个子任务。包括：①认识新型纱线；②分析新型纱线原料；③分析竹节纱线；④分析花色纱线；⑤分析花式纱线等。

2. 项目二　订单来样纱线开发与设计

情境设计：在过去的几年里，某纺纱企业生产和销售的产品品种多为普通纯棉纱系列、棉混纺纱系列、化纤纯纺和混纺系列。近日接到客户 5000 千克来样订单，生产一批 JC/T14.6 特高档针织麻灰纱，用于织造春夏季卫衣面料，一周后交货，要求 C/T（60/40）纱线条干均匀，色结少，纱体光洁、柔软。

任务安排：①色纺纱订单来样分析；②散纤维染色；③色纺纱打样与配色；④生产计划制定；⑤麻灰纱工艺设计与实施；⑥样品测试与分析；⑦色纺纱报价等。

3. 项目三　市场流行纱线开发与设计

情境设计：张某在某传统小型纱线企业担任生产技术总工程师，公司主要生产棉纱及棉混纺纱。近年来棉纱行业价格竞争激烈，公司为了谋得更多的利润空间，责成张某尽快开发一批目前市场流行纱线，以使企业获得更多新型纱线品种生产能力，为企业参与激烈的市场竞争提供重要基石。

任务安排：①产品市场调研计划；②产品市场调研报告；③功能性纤维纱线设计；④工艺优化实施；⑤样品检测与评审；⑥功能性指标测试；⑦新产品市场推广。

4. 项目四　创新创意纱线开发与设计

情境设计：张某是某纱线企业的生产技术总工程师，由于受到纺织行业产业结构升级影响，公司决定从传统纺纱企业逐步转型为高新技术企业，责成张某兼任纱线新产品研发部门主管，开发新型纱线产品用于抢占市场空白。

任务安排：①纱线创新要素；②纱线创新方法；③新型纱线创意设计；④新产品立项与技术文件制定；⑤新型纱线创意实施；⑥新产品技术评审与投产鉴定；⑦知识产权保护实施；⑧研发成果推广与反思。

（二）教材内容创新

教材内容创新设计整体构架，以培养先进的纺织工艺技术、产品开发设计和应用能力为主线，力求重现企业新型纱线产品开发设计思路。

（1）突破传统纺纱教材以纺纱生产工序为架构的内容设计，贯穿创新思路、方法和技能的培养。

以大中型纺纱企业最新典型纱线产品开发案例为载体，集当今和未来市场纤维制造和应用技术、纺纱技术和纺机技术于一体，系统完整地展现新型纱线产品开发和创新设计的内容体系构架，力求为中职、高职及应用型本科新型纺纱应用人才及纺纱企业研发、生产技术人员提供量身定制的新型纱线产品开发与创新设计的训练指导，使其能够快速上手新型纱线产品研发的相关工作。

（2）突破传统同类纺纱教材以单一化素纺白纺品种架构内容体系，注重新型色纺、多元混纺、功能化组合纺纱等理实一体化的教学实施。

教材项目任务设置由浅入深、循序渐进，贴合教育教学规律，同时也反映了企业处于不同发展时期的核心技术需求，实施情境中的项目环节设置依据企业纱线新产品研发典型运作流程，分为学习目标、任务引入、知识准备、任务实施（案例）、考核评价等环节，可操作性强，易懂易学，是教材更是学材，有利于现代师徒制教学的有效开展。

（3）通过取材于企业的最新项目任务，突出创新意识、创新方法的演练，重在培养读者的创新实践能力。

教学情境的设计贴合企业实际需求，给读者创设仿真的产品开发和设计需求，引人入胜，趣味性强，能够吸引读者，帮助读者有效地完成新型纱线产品开发和创新设计的学习。

三、《新型纱线产品开发与创新设计》教材建设成效

（一）基于生源多元化背景，构建优质立体化教材资源

近年来，高职院校生源持续多元化发展，社会培训服务需求持续增长。课程校本教材在学校及企业使用多年，根据教学反馈和建议，综合行业发展现状，校本教材在不断完善中进步，并于 2015 年获得“十三五”部委级规划教材立项（中纺教〔2015〕86 号），2016 年获江苏省重点教材立项（2016-1-096）。为进一步适应生源多元化发展，在原有纸质教材资源的基础上，逐步建设完成同名电子书 1 部、江苏省在线开放课程“新型纱线产品开发”1 门，建设教材同步视频授课资源 52 个，自主研发课程教学案例（获中国纺织工业联合会科技进步奖三等奖 1 项、盐城市人民政府科技进步奖一等奖 1 项），在爱课程、微信、学习通、蓝墨云班课等主流载体搭建使用互动型学习平台。满足了普高、对口单招、社招、成人本科函授、毕业生持续学习、专业技术人员学习培训等不同层次学习者的需求。

（二）岗位引领、情境教学，培养“创新特质”技能人才

在课程教学实施过程中，创设由浅入深的新型纱线产品开发工作情境，从认识到复制，从改进到创新，通过基于工作过程的任务设置，循序渐进地培养学生的创新实践能力。截至2020年11月，教材在我校三年制高职现代纺织技术专业教学中使用了8个轮次，覆盖本校学生627人；在2.5年学制纺织工程专业成人本科教学中使用了5个轮次，覆盖学生262人。教学成果突出，先后完成江苏省教改课题1项，获中国纺织工业联合会教学成果奖一等奖1项、三等奖1项。

2016年，我校现代纺织技术专业纺织1411班胡锋、梁洁洁等同学荣获江苏省职业学校创新创效创业大赛一等奖；2017年，纺织1511班王冯宇等同学荣获江苏省“互联网+”大学生创新创业大赛一等奖；2018年，纺织1612班王乔逸、韩琳等同学更是取得突破，获得“挑战杯”全国职业学校创新创效创业大赛特等奖。近5年学生申报专利60余件，现代纺织技术专业人才培养呈现“创新特质”。

（三）播撒“创新基因”，助力高端纺织产业集群升级

自教材正式出版及立体化教材资源上线，课程得到多省市、多群体的关注和使用，先后服务常州纺织服装职业技术学院、江苏工程职业技术学院等兄弟院校师生学习参考，教学反馈良好，特别是对学生创新思维的开拓大有裨益，形成较好口碑。

服务面向长三角地区大中型企业，如江苏悦达纺织集团有限公司、盐城日昇达纺织有限公司、江苏中恒纺织有限责任公司、江苏腾龙纺织有限公司、江苏珍鹿纺织有限公司、大丰万达纺织有限公司等技术骨干、研发专员培训累计3172人次，受到企业一致好评，为本地区高端纺织产业集群升级助力。

第五节　省级重点教材《纺织机电一体化》建设

一、《纺织机电一体化》教材建设思路

近年来，由于人力成本的不断攀升，纺织行业机器代人的趋势不断加大，纺织设备上已综合运用了传感器、变频调速甚至机器人技术等多种现代机电一体化技术，纺织设备的自动化、智能化达到空前的高度，生产企业对使用者、维护者提出了电气控制基础方面的更高要求，也即面向纺织应用的电气控制知识与技能已上升为现代纺织技术专业群学生的核心职业能力之一，传统的电工

电子课程及配套教材显然已不能满足专业需要。

在此背景下，国内出现了一些专门针对纺织专业的电气类教材。《纺织电气控制技术》[化学工业出版社，第1版（2013年8月）]，专业针对性较强，内容安排上也更注重可操作性和实践性，但该书属于“‘本科教学工程’全国纺织专业规划教材”，并非针对高职教学。《纺织设备电气控制》[中国纺织出版社，第1版（2012年5月）]突出了行业特点，将纺织变频器纳入教学内容中，但该教材为“全国纺织机电专业规划教材”，面向纺织机电专业，并要求学生具备一定的电工基础知识，不适合现代纺织技术等专业。《纺织技工学校教材：纺织电工》[中国纺织出版社，第1版（2013年5月）]，最大的特点是紧扣纺织设备电气的实际情况，把各种低压电气、传感器、PLC、变频器等在纺纱设备、织机、针织机、染整机械、服装机械的应用举例讲述，实用性和可操作性非常强。但该书在内容提要中明确指明，其适合于中职纺织技工学校教材。

不但如此，上述教材均属传统纸媒教材，形式较单一，配套教学资源较少。在进入信息时代的今天，信息化已经不再只是一种技术手段，而是成为各项事业发展的目标和路径。近年来，国家对教育信息化的重视程度与支持力度不断加强。特别是教育规划纲要颁布以来，我国教育信息化快速发展，对于促进教育公平、提高教育质量、创新教育教学模式的支撑和带动作用显著。在此趋势下，普通的纸质媒体已不能胜任教学需要，立体化的教材建设势在必行。

综上，目前高职纺织专业还缺乏一本纺织电气控制方面的针对性立体教材。为填补该领域的空白，本课题组早在2010年就开始了对课程教学改革的酝酿；于2013年形成了校本教材，并历经多年完善，其间还作为企业职工培训教材；2015年，课题组主要成员参与了全国职业教育“现代纺织技术”专业国家教学资源库建设，并承担了其中的“纺织机电一体化”资源库建设子项目。立项后，课程建设进入快车道，发表论文2篇，微课获奖3项，资源库资源数量达800个，教学课件、视频类资源150多个，微课程20个，整门课也已在“智慧职教”网上线。所有这些前期工作都为本项目的开展奠定了基础。此外，拓展课程“纺织机电一体化”作为江苏首批省级在线开放课程，目前也已在中国大学MOOC平台上线。

教材建设遵循以下思路，首先进行企业需求、学生素质等方面的情况调研，完成之后进行细致分析并确定教材目标，目标确定后结合专业精选教学重点内容，选定之后进一步进行整合、重组，最后以项目化、任务驱动方式构建，所有工作完成后列出提纲、要点进行教材编写。完成教材内容选取和编写之后，应继续遵循“系统化设计、结构化课程、碎片化资源”的原则进行教学资源建设。建设过程中应注重一手技术文件及其解读，以及元件使用、调试操作的演示视频进资源，充分体现应用性，并以此增强学生通过说明书等技术文件解决问题能力。教材初步建成后，进行至少一个学期的完整教学实践（包括线上和线下），发现问题并持续改进。

二、《纺织机电一体化》教材建设内容

（一）教材内容构建

（1）如何根据企业差异化需求，选取出最具代表性的典型设备、典型器件和典型任务作为教材内容。纺织生产企业的纺织设备多种多样，企业从自身应用出发，对员工的需求呈现差异化特点，如何选出最具代表性、典型性的电气元件和控制电路作为教学内容，做到“有用够用”，需要经过调研、分析和论证，是本课题研究的重点。

（2）如何根据学生特质，将企业的需求整合进具有典型产品的学习项目，促动学生完成，做到以学生为中心设立项目。企业对于学生技能的要求停留在表层应用性，并且是离散的、碎片化的，如何科学设立有典型产品的学习项目，将知识和技能融于一体，做到既能促动学生学习，又使学生习得基础知识与技能，是本课题研究的又一重点。

（3）如何根据教学内容，搭配纸媒、电子教材、视频等呈现形式，最大化发挥其各自效用，做到高效教学。不同媒体在传递不同教学信息时，有其自身的适用性，要发挥其最大效用，应在实践的基础上做好规划，并且要有传媒专业人员参与。

（4）改革的重点问题。

①如何根据企业需要，考虑教学实施操的可作性，选取出典型设备、典型器件和典型任务作为教材内容。纺织设备多种多样，如何选出最具代表性、典型性的电气元件和控制电路作为教学内容，做到“有用够用”，需要经过调研、重组和排序，是本课题研究的重点。

②如何根据学生学习习惯，构建出多个有典型产品的项目化任务，对教学内容进行项目化组织。为取得最好的教学效果，教学内容应以具体工厂生产案例为情境，按照由易而难、便于实施的原则进行组织，并以完成一个典型产品对应用性知识进行项目化整合。

③如何以应用为重点，收集、制作各种配套教学资源，对教学内容进行全方位支撑。新形态立体化教材的教学资源应能直接支持教学，因此教学资源除数量足够外，还应尽量加强针对性和应用性，做到说明书、操作视频进资源，方便师生取用和学习。

④如何以学习者为中心、兼顾方便执教者施教，整合教学资源及内容，营造高效化、立体化的学习生态。新形态立体化教材不是资源的简单堆砌，而应是各种资源的科学组合，以实现各资源效用发挥最大化。

（二）教材内容创新

（1）打破传统电工电子教学内容体系，以企业应用为导向，以典型行业设备故障器件更换为情境，以常用传感器、专用电器的使用知识与技能为切入点，重新组合教学内容，形成用电基础、专用传感器、常用控制电路、控制器和变频器为主的内容体系。

（2）打破传统先理论后实验的知识架构与实践训练体系，以完成一个个行业常用装置或电路为目标，围绕目标布排应用性知识，形成多个理实一体的学习与训练项目。每个项目都有明确的可通电试运行并实现功能的产品，如利用力传感器搭建出纺织测力装置、利用接近开关搭建出纺织计长装置、利用变频器搭建细纱调速装置等。

（3）打破传统“纸质+电子教案”为主构成的教材形态，形成“背景知识、导学导做纸质媒体完成”“原厂说明书、参考资料电子教材完成”“操作知识、难点知识教学视频完成”“重点知识学习、测试反馈微课程完成”的全方位、立体化教材。

三、《纺织机电一体化》教材建设成效

教材酝酿于2010年，初衷是紧扣专业特点，提高本校纺织工程相关专业学生电学方面的基础知识与技能，以适应目前纺织设备机电一体化程度不断提高的现实。教材于2011年初步成形，当年即以讲义的形式在盐城纺织职业技术学院纺织工程系使用，后又经2012年、2013年两次补充整理，于2013年形成校本教材。2015年立项国家资源库项目后，编写团队进一步开发教学资源，目前已基本完成，并在“智慧职教”教学平台建立在线课程1门，并继续在本校现代纺织技术、纺织品检验与贸易、新型纺织机电技术专业使用，同时也供国内同类院校使用。2017年9月，本教材的拓展学习课程“纺织机电一体化”在中国大学MOOC平台面向社会开放。本教材还分别于2013年、2016年

在江苏悦达纺织集团有限公司、江苏日升纺织有限责任公司的职工培训中使用，得到企业人员的一致好评，至今仍被许多一线职工作为自我学习的第一手材料。

教材充分体现了高职教育的发展规律，内容适应高职纺织工程下的现代纺织技术、纺织品检与贸易和新型纺织技术等专业的教学改革需要。本教材难易适中，专业针对性强、操作性强、实用性强，自投入使用以来，受到了学生的广泛好评，一跃成为学生最喜爱的教材之一。不少学生在学完本课程后，对电气控制产生了强烈兴趣，毕业设计选题也偏重于此，并做出了优秀的毕业作品，更有学生毕业后选择了纺织电气维护的工作岗位。不但如此，由于编者中有来自企业的专家，充分重视企业的实际情况，使得教材受到了企业专家与管理人员的肯定，认为本教材重基础、重实用，学生掌握后能基本满足企业的需要。

第六节　“十四五”部委级规划教材《智能纺纱技术》建设

一、《智能纺纱技术》教材建设思路

《智能纺纱技术》是在多年教学做一体化教学改革的基础上，为适应目前纺织行业的发展情况而编写的，以培养适合现代纺纱技术发展的创新型技术技能型人才。编者通过大量的纺纱企业和同行院校调研，突破传统纺纱教材内容单一的项目任务模式，校企协同开发设计教材内容，融入最新的智能纺纱技术和产品流行趋势，以典型产品设计开发为载体，建设数字化教学资源，具体的建设思路如图 6-5 所示。

遵循“前瞻化设计、项目化课程、数字化资源”的改革思路进行与教材内容相配套的数字化教学资源建设，以最大限度发挥信息教学资源效用，教材的改革思路如图 6-5 所示。建设过程中注重企业生产新型纱线品种的工艺设计、工艺上机参数及试纺质量检验与质量控制等工作任务的解读，以及每个项目任务中的工艺参数在智能化设备上的表现形式和上机实施过程、质量检测指标及每项质量指标的线上线下检测过程及调试操作的演示视频作为教材的数字资源，多角度、多维度地呈现教材内容，方便学生理解和掌握教材知识，充分体现教材知识与企业生产实际紧密结合、教材知识的生产应用性，从而增强学生的创新纱线设计能力和解决生产实践问题能力。根据企业纱线产品设计与生产、质量检验与控制的工作任务特点，结合高职高专学生的认知特点，构建以

典型环锭纺纱产品的项目化为主线，结合企业生产实际，按照由易而难、便于组织和实施原则，对教学内容进行项目化重组。并对教材编写形式进行了新的尝试，对教材的结构做出调整，融入纺纱发展文明史，以传统环锭纺纱线产品统领纺纱工作及生产过程，以复杂纱线产品的递进性和综合应用程度为项目（任务）进行编写，并强调相对应的技能实训和考核体系，力求做到融“知识性、实用性、创新性”于一体，集“智能化、数字化”于一身。实践创新能力不是通过书本知识的传递来获得发展的，而是经过书本知识和多媒体数字资源的引导，加上学生自主运用多样的活动方式和方法，尝试性地解决问题来获得发展，在日常学习过程中注重培养学生的实践操作技能。《智能纺纱技术》基于企业真实纱线产品工艺设计与质量控制的案例所编写，实用性较强，同时也为纺纱企业从事纱线产品开发与生产管理人员及其他与生产有关的人员提供自学教材。

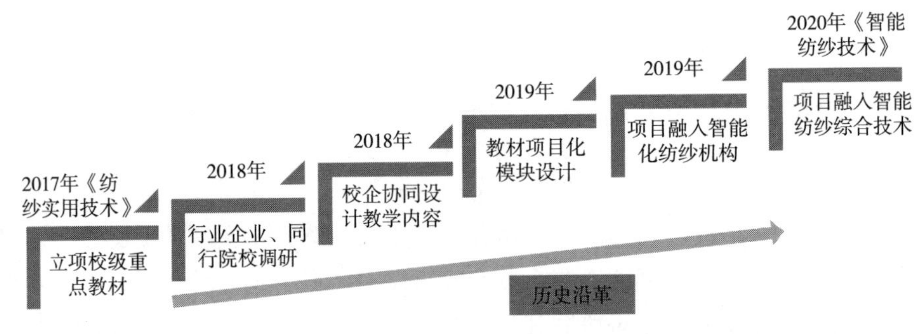

图 6-5　《智能纺纱技术》教材的历史沿革与改革思路

二、《智能纺纱技术》教材建设内容

（一）教材内容设计

目前，互联网与纺织工业融合的步伐不断加快，大规模个性化定制、电子商务应用、产品质量可追溯等方面的信息技术应用都取得了显著效果，数字化、网络化、智能化生产制造涌现出了一系列基础成果和应用案例，智能制造已成为纺织服装产业可持续发展、走向高端的可靠保证。为适应这种技术进步和发展趋势，编者与江苏悦达纺织集团有限公司联合开发校企合作教材，紧跟纺纱企业的技术装备水平和市场流行趋势，培养具有良好纱线产品工艺设计和上机能力，能够服务现代智能纺纱企业的技能型人才。

新编《智能纺纱技术》作为现代纺织技术专业核心课程的配套教材，充分吸收国内外最新智能纺纱设备、纺纱工艺、电子信息技术的应用成果，选取具有代表性的智能纺纱设备技术和典型的纱线产品案例，系统归纳了有关智能棉纺设备生产过程与棉纺工艺设计的原理及关系。本教材致力于培养学生纺纱产品设计的岗位核心能力，使其能够应用智能纺纱技术技能解决生产过程中出现的问题。本教材具有特色鲜明的“必需、够用”的高职特色，内容设置具有针对性和应用性。

本教材根据纺纱职业岗位的典型工作任务设置教学项目，明确每个项目的任务目标和任务内容，建议88~104课时。教材内容设计如图6-6所示。教材提供纺纱工职业技能资格考试中的理论知识和实践技能，学生在专业实践中形成理论、获得能力，教材适用于高职高专院校纺织类专业的在校生、社招生及纺纱企业人员参考使用。

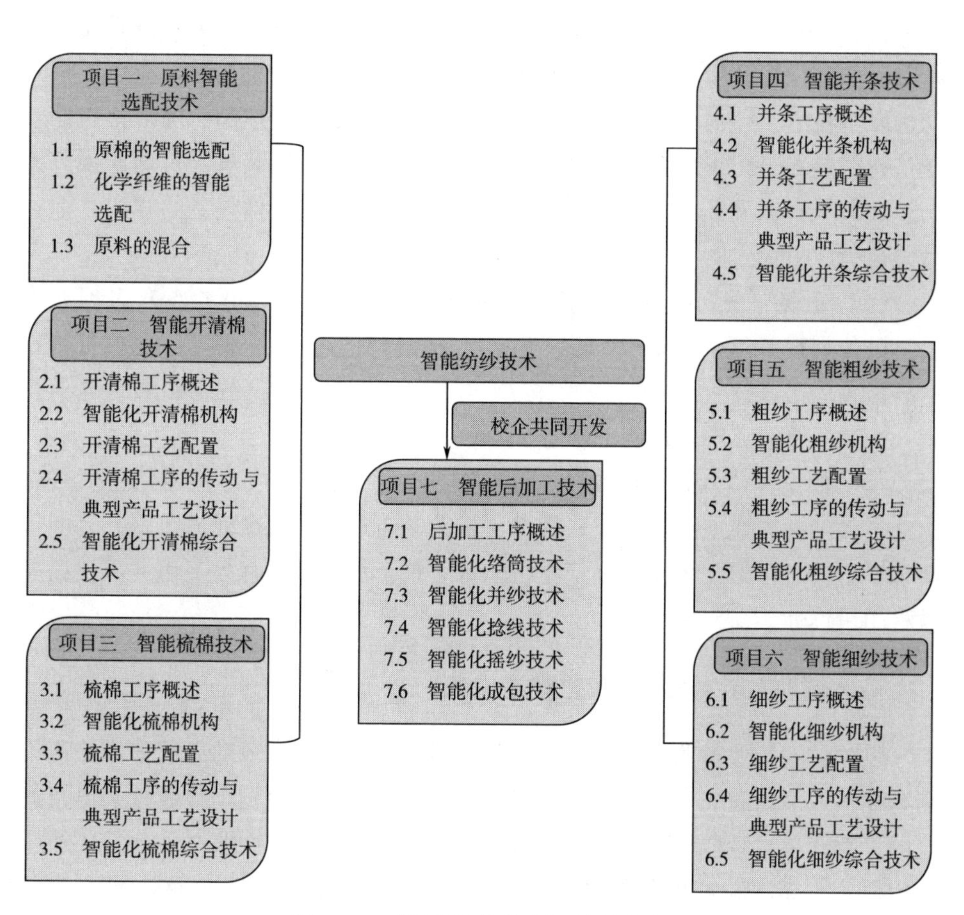

图6-6　《智能纺纱技术》教材内容

（二）教材的特色与创新

教材内容的选取与现代纺纱企业现状、智能纺纱设备、教学改革和在线课程建设相适应，充分体现品牌专业技术技能人才培养的特点，在教材编写上遵循纺纱产品开发工艺流程，形成了鲜明的三个特色：

（1）围绕一个核心——新时代技能型育人目标。校企协同设计教材内容，按照实际新时代企业工作岗位和纱线开发的难易程度展开，融入现代企业最新发展的核心技术，实施项目中的任务环节设置依据典型纱线产品研发运作流程，分为知识目标、素质目标、技能目标、任务引入、知识准备、任务实施（案例）、考核评价等环节，教学项目的设计贴合企业实际需求，给读者创设仿真的产品开发和设计情境，帮助读者有效地完成纱线产品设计和智能纺纱综合技术的学习。

（2）突出一个环节——智能化教材模块项目。根据教育规律和课程设置特点，创新设置智能化环锭纺技术环节，兼顾智能化纺纱工艺设计重点，将开清棉联合机组、梳棉机、并条机、粗纱机、细纱机的智能控制、网络化与信息化、智能装置、纺织装备智能检测与故障诊断、纺纱工序装备的自动连接等按照企业典型案例设计项目化课程内容，介绍每个项目的具体任务的知识目标和技能目标，引人入胜，有助于学生的学习和理解。

（3）实现一个立体——数字化立体教材资源包。在教材的媒介表现形式上打破传统以"纸质+电子教案"为主构成的教材形态，形成"知识准备、导学导做，电子媒体（扫描二维码）""企业案例资料、设备说明书、电子教材""设备操作、质量检测、任务实施、教学视频""重点知识、难点知识、微课程"的全方位、立体化教材。可操作性强，易懂易学，是教材更是学材，有助于教师开展线上线下混合式教学，帮助学生理解和掌握教材知识。有助于实现学生自主学习、协作学习、泛在学习。每个任务都配有数字化资源，提高教材的可读性。

三、《智能纺纱技术》教材建设成效

随着纺织行业产业结构升级，传统纱线市场由于失去劳动力成本优势而不断萎缩，竞争力衰弱。智能纺纱技术和新型纱线产品的研发是纱线行业冉冉升起的一颗新星，智能纱线生产企业迫切需要纱线产品研发技术，传统《纺织实用技术》无法满足现代纱线产品开发企业对纺纱创新型专业技能人才的需求。

新编《智能纺纱技术》教材计划将打破以传统纺织生产工序为架构进行的内容设计为主线，立足打造一本“实用学材”的要求，总结提炼智能纺纱设备在实际生产中的运作，完整地展现了现代化企业纱线产品生产过程的系统知识体系，教材七个项目的设置真实地反映了现代化企业的核心技术需求，以具体的项目任务为载体，给予初学者快速有效的指导，给予行业精英提供有价值的参考。高职纺纱创新型应用人才以及纱线企业生产技术人员完全可以依赖教材内容，快速学习并实践纱线新产品设计工作，帮助企业进一步规范纱线产品设计规程，为企业节省大量培训、研发和管理经费，并为企业社会经济效益的实现做好坚实的铺垫。新编《智能纺纱技术》教材同时适用于高等、中等和初等职业教育和企业一线工人的培训，教材出版后在全国纺织服装人才培养示范单位盐城工业职业技术学院纺织服装学院广泛应用，分别作为现代纺织技术专业、纺织品检验与贸易专业、纺织品设计专业及新型纺织机电专业近800人的专业教材，此外也作为悦达纺织集团有限公司社招班和企业的员工学习培训教材。教材也可在中职及本科院校师生、现代学徒制结对实训师徒、生产与贸易企业技术管理人员等人群中广泛适用，具有较高的社会经济效益。

参考文献

[1] 尹文艳，张珺．基于数字化时代职业教育背景下《金属材料热处理及加工应用》课程“三教”改革的探索与实践［J］．中国金属通报，2023（11）：138-140.

[2] 崔发周．高职院校专业课程教材：编写理念与内容设计［J］．中国职业技术教育，2022（26）：52-59.

[3] 王志强．工匠精神融入高职院校思政教育的逻辑、方式与实现机制［J］．职教论坛，2022，38（8）：123-128.

[4] 徐帅，王美红，杨晓芳．高职非电专业电类基础课立体教材建设研究与实践：以纺织专业为例［J］．黑龙江教育（理论与实践），2022（9）：63-65.

[5] 陈爱香．高职院校的《机织工艺》教材建设［J］．纺织服装教育，2022，37（1）：56-58.

[6] 杨路英．高职艺术院校在线开放课程建设的问题与策略研究［J］．科教文汇（上旬刊），2021，（10）：123-124，140.

[7] 李晓洁，李云松，陈亚琨，等．招生模式“多元化”背景下高职《电子技

术》课程分层教学的探索与实践 [J]. 科技视界，2020（21）：90-92.
[8] 赵磊，陈宏武，刘华，等. 高职《纺织导论双语教程》教材的编写 [J]. 纺织服装教育，2019，34（3）：242-244，265.
[9] 姜雅飞. 招生模式“多元化”背景下高职电子技术课程分层教学的探索与实践 [J]. 课程教育研究，2017（42）：237.
[10] 李珺. 翻转课堂在高职数学教学中的应用例说 [J]. 时代教育，2015（22）：172，181.
[11] 张圣忠，赵菊梅.《新型纱线产品开发与创新设计》教材的编写 [J]. 纺织服装教育，2015，30（3）：220-222.
[12] 赵磊. 高职“纺织导论与入职训练”新课程的开设 [J]. 纺织服装教育，2014，29（4）：332-334.
[13] 何丽清，文水平，刘宏喜，等. “染色技术”课程的特色创新与社会评价 [J]. 纺织服装教育，2013，28（2）：126-129.
[14] 张立峰，陈贵翠. 中华优秀传统文化赋能纺织专业思政协同育人模式研究 [J]. 现代职业教育，2022（8）：127-129.
[15] 张立峰，陈贵翠. 智能纺纱技术课程“O2O”课堂改革研究与实践 [J]. 福建轻纺，2022（7）：36-38.

第七章　高水平专业群金地建设研究

实训教学是职业院校为学生习得技术技能的关键培养环节，通过模拟实际工作环境，引入企业真实工作项目，让学生亲身参与实训活动并逐渐积累技术技能经验。积极对接产业的职业标准、行业标准和岗位规范，追踪新时代纺织服装产业发展前沿，产教融合、校企共建实训基地已成为培养国际化“现代纺织服装人才”的紧迫课题。加大纺织服装类职业教育软硬件投入，培养适应产业转型升级需求的高素质技术技能型人才用于国家纺织服装业的振兴和崛起，尤其是在校企联合开展实训平台建设数字化，实现实训平台向全社会开放共享，是破解现代纺织服装产业转型升级和技术发展缺人难题的关键。盐城工业职业技术学院积极探索专业群实训平台数字化搭建，并形成初步以现代纺织技术为核心、其他专业共同融合建设的教学资源和实训平台模式，使教学资源、实训平台在高水平专业群金地的建设中，形成可复制、可推广的经验模式。

第一节　金地建设服务专业群的价值意蕴

一、教学资源建设的客观需求

根据“一体化设计、结构化课程、颗粒化资源”资源库建设要求，组建高水平团队，重构专业群课程体系，建设一批优质教学资源，具体建设思路如下。

（一）组建高水平项目团队，深度调研专业资源库

组建由指导层、核心层、紧密层构成的三层结构建设团队，调研行业企业及含省内外的12所开设本专业的职业院校，院校分布于全国的东、中、西部地区，并兼顾一般院校和“示范校”。召开纺织专业群课程开发和资源库建设研讨会，了解各院校及不同性质、不同规模企业员工对资源的需求，通过调研了解到纺织企业每年的培训受时间和空间影响取消或延期进行，调研的学校及企业一致认为专业学生、企业职工缺乏新型纺织品开发、检测、新媒体营销等学习资源，急需建设专业教学资源库以更好地服务学生、教师、企业，从而形

成了纺织专业群简介调研报告，修订纺织专业群教学标准。

从产业需求驱动、产业要素驱动的视角审视高端纺织专业群高素质技术技能型人才培养的要求，系统设计产业转型升级驱动下的专业课程体系及人才培养方案，搭建“能学辅教”学习系统，建设标准规范、质量优良的资源，形成动态共享的教与学环境。

（二）服务新业态、新模式，重构结构化专业课程体系

调研明确了纺织专业群毕业生可从事的职业岗位（群），掌握了新材料、大数据、云平台、电子商务和跨境电商等带来的业态变化，依据专业群教学标准，制定专业群人才培养方案，重构专业课程内容，增设纺织新材料、跨境电子商务及新媒体营销等课程，形成“平台课程共享、核心课程分立、拓展课程互选”的课程体系。

（三）围绕能学、辅教目标，建设全生态专业教学资源

1. 建设专业群思政案例资源包

深入分析专业群内各专业岗位素养要求，详细列出需要培养的素养点，构建思政素质养成脉络体系，根据构建的脉络体系，仔细筛选合适的思政案例，将案例材料制作成视频、图片等形式，编码上传平台，方便各专业在授课过程中随时调用。

2. 建设标准化课程教学包

利用智慧职教集中式服务的云技术建设共享资源库，按照专业群课程体系架构，将课程建设和更新任务分配给具体的课程团队，要求资源涵盖知识点讲解视频、图片、文本、配套练习等形式，资源支持探究式学习、自主性学习，延长教学时间、拓宽教学空间，最大限度地提升资源库的利用率。

3. 建设技能训练课程教学包

依托绿色智慧纺织服装云平台，建设云检测中心、云设计中心、云营销中心、云培训中心等模块，建设“1+X”证书培训课程、技能训练课程，配套在线技能包等，其中检测技能包有纤维规格检测、纱线规格检测、织物规格检测、生态规格检测等16个单项技能视频，营销技能包有纺织英语听说、跨境电商等4个单项技能视频。

4. 建设实训考证教学包（iTEX、沙盘）

根据“德技兼修，双证融通”人才培养要求，实施“岗位引领、学做合一”人才培养路径，围绕纺织材料选择与性能检测、纺织产品分析、纺织品跟单贸易等能力培养，与江苏悦达纺织集团有限公司等深度合作企业双主体建

成校内技术技能积累平台，主要由纺织检测中心、纺织加工中心、纺织设计中心、技能鉴定与培训中心五部分组成，满足教学、培训、职业技能鉴定、科研、技术服务等需要。结合本专业需求购置由跨境电商实训平台和专业团队教师构建的英语学习软件，完善跨境电商实训场所、企业上架产品拍摄工作室、直播工作室等。

绿色智慧纺织服装云实训平台是江苏省高等职业教育产教深度融合实训平台项目建设的重点内容之一，该平台包括云加工、云检测、云设计、云营销几大模块，平台软硬设备完成后，学生、教师可以申请使用，企业可以申请所需服务。绿色智慧纺织虚拟仿真实训基地能够满足3D动画、交互界面、海量数据访问、数字孪生等功能需求，实训基地硬件环境本着“配置先进、适度冗余”原则重点建设纺织信息化仿真实训室机房。

二、建设原则

（一）瞄准企业需求，设计人才培养方案，确保资源建设的实用性

以人才培养方案开发规范和专业课程开发规范为依据，对专业的行业发展背景、企业人才需求状况和毕业生就业能力进行充分调研，在此基础上，紧密对接产业链、科技链、创新链、技能链，系统设计适应最新需求的普适性与差异化相结合的人才培养方案。

（二）整合优势资源，建立合作机制，保证资源建设的共享性

按照“科学规划、校企合作、共建共享、边建边用、突出内涵”的原则，集聚学校和企业的优势资源，以保障教学资源建设质量为中心，扩大教学资源库的受益面，以共享共用为目标，跨行业和区域统筹资源配置，实现资源优势互补、协同发展，聘请行业企业专家指导资源建设，参与人才培养，把握专业发展技术方向，与产教融合型企业组建“协同开发团队”，在现代信息技术支撑下建设资源共建共享公共服务平台，实现资源最大限度的共享。

教学资源库对标岗位技能需求，适应各专业教学改革的特点和产业转型升级的需要，构建现代化职业教育共享资源库，同时满足学习型社会人员的需要；以人才培养、教育改革和产业发展为导向，对行业企业进行调研，根据调研结果预测发展趋势，开发和建设一体化、数字化教育教学优质资源，建立企业生产实际教学案例库，引导职业教育职场化育人改革。政、行、企、校共同建设，构建持续更新和共享机制。在地方行业协会及产教联盟的指导下，资源建设团队校企融合、优势互补、分工明确，汇集地方行业企业的技术资源、社

会资源，协同建设教学资源库，积极探索基于资源库线上学习成果转换的实现形式，推进资源库成果的广泛应用。

（三）以专业核心课程建设为重点，确保资源建设的递进性

按照专业核心课、专业基础课、岗位拓展课、思政素养课等课程的不同特点，分层递进建设各类课程的教学资源库。开发专业核心课程教学资源，校企双方发挥各自优势共建教学资源建设标准、共商教学资源建设内容，探索教学资源开发方法，构建统一的建设标准共同进行专业课程开发，同时建设、丰富专业课程教学资源。在取得一定经验的基础上，进行其他课程资源的开发与建设，形成层层递进建设的进度。

（四）建立资源更新保鲜机制，保障资源库运行的持续性

强化资源库建设的过程管理，建立健全教学资源库动态管理机制，发布资源管理事项清单，明确校企全责、学校各层级的权责，强化资源的建设、使用、共享、保护全链条管理，充分激发资源开发和建设单位与资源使用者潜能，鼓励资源开发者、资源建设者、资源使用者高度合作，深度参与资源的开发、建设、管理、使用和保护。随着科技的飞速演进和纺织领域的革新态势，纺织专业教育集群的教学资源平台亟须拥有持续优化和升级的能力。该平台应当具备适应纺织行业变迁的灵活性，及时对资源进行整合更新，实现线上共享，以应对专业建设的挑战并满足教师个性化的教学需求。经过一段时间的运营，教学资源平台已积累了丰富的数据资料、教学素材、教学轨迹及教务档案。更重要的是，该平台在开放访问的前提下，积极接纳教师、学生及企业用户的反馈，广泛汲取各方意见，以此驱动自身的持续优化和改进，秉持共建与共享的理念。这一策略应当在构建教学资源平台的初始阶段就被明确考虑。

（五）坚持以学生为本，对接学生需求，注重学习体验

适应“互联网+”发展趋势，对接多用户的需求，发挥优质资源“能学+辅教”的功能，力求教学资源库内容丰富、技术先进、使用便捷。教师针对不同的学习对象和课程要求，灵活便捷地自由组建学习包和搭建个性化课程，分层建设资源，辅助实施教学过程，实现教学目标；学生以课程或培训项目为主，利用资源库实现基于多终端的自主学习；企业用户利用资源库进行自主培训，提升技能水平，社会学习者利用资源库获得社会培训与服务，获得最新知识，了解就业渠道，实现信息共享。把教学资源库建设成为智能化、开放性学习平台，推动教师率先使用，引导学生面使用，鼓励企业在实际生产运营中使用，以实现纺织专业群教学资源库的最大效用。

三、建设内容

按照“一体化设计、结构化课程、颗粒化资源”的逻辑，搭建纺织专业群教学资源库门户网站，构建“1个园地+1个思政案例库+4个中心+1个众创空间+1个产品案例库”，打造智能化、个性化、开放性平台（图7-1）。

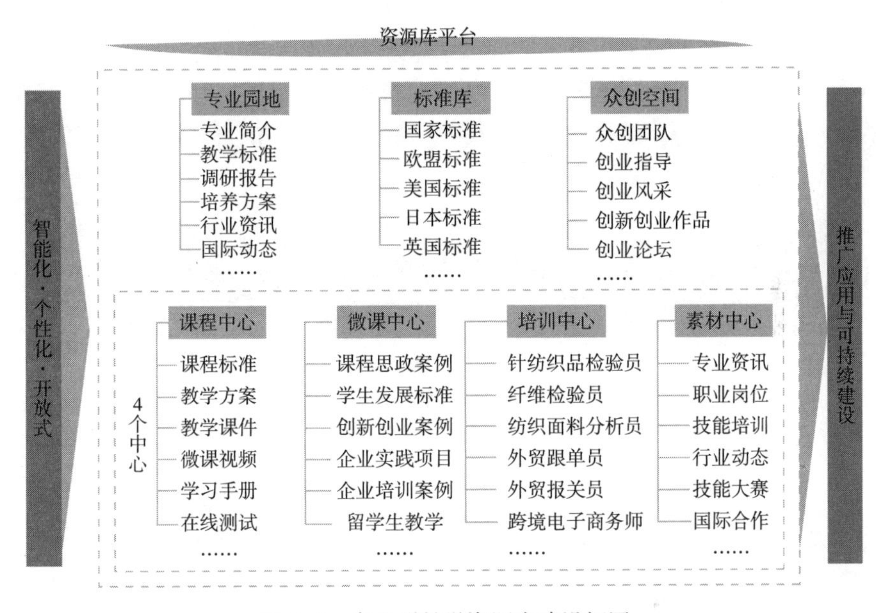

图7-1　专业群教学资源库建设框图

（一）建设驱动学习的“专业园地”

基于纺织产业链人才需求、专业教学标准和“1+X”证书标准，优化课程体系，开发课程标准及考核评价方法，建设特色资源，运用“艺术中的纺织”素材吸引学习者学习，运用“生活中的纺织”素材驱动学习者探究，运用“国际市场上的纺织品贸易”提升学习者专业技能。

（二）建设系统塑造的“思政案例库”

深入分析专业群内各专业岗位素养要求，详细列出需要培养的素养点，构建思政素质养成脉络体系，根据构建的脉络体系，仔细筛选合适的思政案例，将案例材料制作成视频、图片等形式，编码上传平台，方便各专业在授课过程中随时调用。

（三）建设能学辅教的“课程中心”

结构化课程设计，利于学生、教师、企业员工和社会学习者自主选择系统化、个性化学习，颗粒化资源架构，满足教师针对不同教学对象灵活组织学习内容。依据“平台课程共享、核心课程分立、拓展课程互选”结构化课程体系，从课程、模块、积件、素材等四个层次进行结构化设计和分层建设，建成系统全面的优质资源。

（四）建设动态组合的“微课中心”

以激发兴趣和满足自主学习为出发点，以微视频为主要载体，围绕知识点精心教学设计，录制教学片段讲解或活动过程微视频，并与之配套相关材料，包括导学案、任务单、测试题等拓展资料。针对产业发展需要和用户个性化需求，开发建设具有特色性、前瞻性的微课资源，满足动态重组课程需要（图 7-2）。

图 7-2　纺织专业群智慧云平台微课资源

（五）建设虚实结合的“培训中心”

主要针对合作企业员工和社会从业人员，服务纺织产业转型升级，促进国际贸易发展，结合“1+X”证书试点，开发系列培训课程，进行纤维检验员职业资格、全国外贸跟单员、电子商务师等职业资格的不同级别培训，并基于移动端，构建混合学习员工培训模式。支持学习者通过资源库学习，获取多种职业技能等级证书，提升自身业务水平和可持续发展能力（图 7-3、图 7-4）。

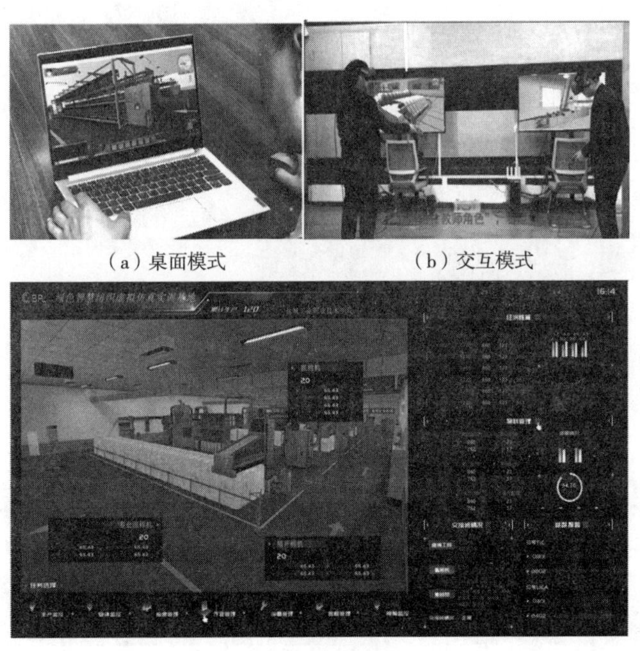

（a）桌面模式　　（b）交互模式

（c）孪生模式

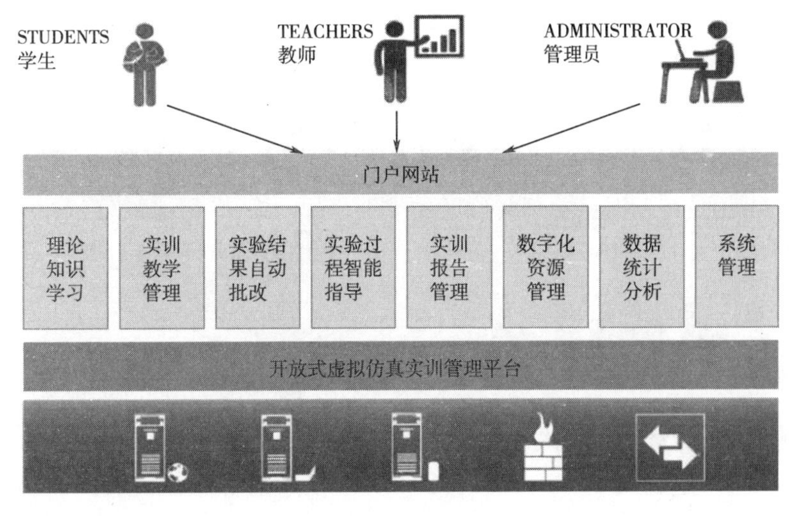

图 7-3

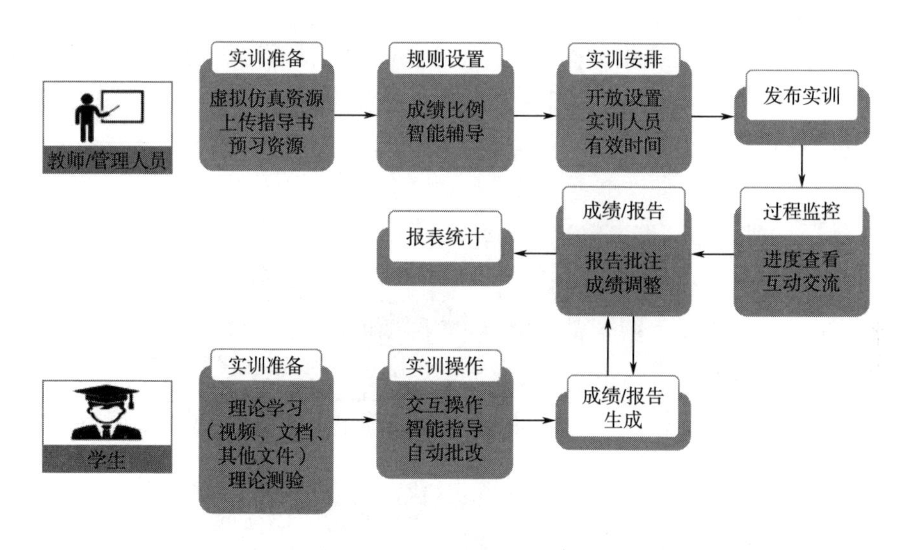

（d）运行机制

图 7-3　智慧纺织虚拟仿真实训基地组织模式与运行机制

图 7-4　绿色智慧纺织服装云平台资源中心

（六）建设聚沙成塔的“素材中心”

纺织品检验与贸易及相关专业教学资源和课程教学资源的提供地，覆盖专业所有基本知识点和岗位基本技能点，能够支撑资源库结构化课程的资源。并实现资源冗余，以方便教师自主搭建课程和学生拓展学习。按照素材形式有视频类、文本类、PPT、动画类、虚拟仿真类等素材，学习者可按兴趣爱好、职业岗位等对素材进行自由组合。

（七）建设名师牵头的“众创空间”

组建由国家级创新创业导师牵头的导师团队，以合作院校专业师生作为核心层，合作企业从事纺织品检验与营销贸易人员作为扩展层，构建面向行业、企业、高校及社会的在线纺织品检验和商贸众创团队。构建“创业认知、创业孵化、创业模拟、创业实战”四层不断线的创新创业课程体系，通过开发移动 App，多方协同创新，指导服务学生就业、创业，满足社会学习者可持续发展需求。

（八）建设专家合作的“产品案例库”

借助自建的江苏省产教深度融合云平台、江苏省产教融合集成平台、江苏省工程中心等产业社会服务平台，组建由江苏省产业教授、企业能工巧匠、资深专业教师构成的高水平结构化社会服务团队，深入盐城乃至长三角地区纺织企业，开展纺织产品开发、工艺改进、技术难题攻关等社会服务项目，形成与行业市场高度接轨且持续更新的“产品案例库”，服务教学过程，形成科教融汇的特色资源模块。

第二节　金地云实训平台运行机制

一、实训云平台的建设目标

依托国家级纺织服装实训基地、江苏省生态工程技术中心等优质实训和科研平台资源条件，以学校主干专业链与地方支柱产业链“双链”对接、理论教学和实践教学“双教”融合、学历证书与职业资格证书“双证”融通、学校文化与企业文化“双元”互动的“四双”人才培养模式为基础，坚持开放共享、互惠共赢的原则，以国际化视野，建设绿色智慧纺织服装云实训平台，实现纺织行业机器代人的示范、技能人才培养的示范、实践型师资的示范、产教合作的示范和先进管理的示范，向全社会开放，力促纺织服装专业群、创意设计专业群、现代制造专业群和商贸专业群全面受益。以建成国内一流开放性纺织服装技能实训平台为目标，为现代纺织服装产业发展提供人才支撑和技术服务。

二、实训云平台的建设方法

（一）整合资源，形成多形式专业实训云平台产教融合机制

全面整合校企资源，探索多形式的共建共管和共享机制，云设计中心探索实践设计师个人智力入股的多元股份合作模式，云加工中心积极探索实践以快速出样为目标的校企混合所有制运行模式，云销售中心探索实践“互联网+”模式等，各中心独立运营，实行主任负责制，团队教师和企业专家共同参与管理，合作企业实时监控，以考核运营绩效为方式，形成较为规范高效的管理运行系统。

（二）虚实结合实施信息化升级改造云实训平台

(1) 依托国家级纺织服装实训基地，利用仿真和虚拟技术，学校与江苏悦达纺织集团有限公司、盐城市纤维检验所合作共建云检测中心，实现线上线下实践一体化教学。

(2) 依托国家级纺织服装实训基地，以校中厂的形式，与江苏亨威实业集团有限公司合作在云培训服务中心合作架构远程实景教学系统，实施现代学徒制人才培养模式。

(3) 以厂中校的形式，与江苏悦达纺织集团有限公司合作建设智慧生产加工车间，实行工学交替实践模式。

(4) 基于绿色智慧纺织产品研发打样中心，开展技术研发式实训教学。

(5) 借助与江苏亨威实业集团有限公司合作共建的“互联网+”云营销中心，服务学生创新创业培训与模拟训练。

为纺织服装师生及社会人员提供的教育培训、技能鉴定、技术研发、技术服务等 6 个技能实训模块，可为全社会年开放实训工位数上千个。

（三）着力建设实践教学资源，保障技能训练实效

借助岗位技能菜单，架构“全真型全流程项目化”一体化教学体系，运用《悉尼协议》构建质保体系，引入但不照搬国际职业资格标准，建设体现导做导学的实践教学特色数字化资源，形成 6 个模块技能包，为学生和社会人员自主学习、自主实践提供服务。

在实践育人建设方面，学校积极对接纺织服装产业最新职业标准、行业标

准和重点企业岗位工作规范，结合岗位工作实际过程，构建“全真型全流程项目化”的现代纺织服装一体化教学体系，参照《悉尼协议》制定与国际工程教育认证相吻合的校内实践教学质量监控和保障体系，同时发挥学校和企业文化双重育人的功能，制定学生素质系统化培养方案，实现学生职业技能训练和职业素养培养有机融合。

（四）以“教练型”名师培养为目标，提升省级双优教师团队

集聚学校、企业、研究院所优秀人才，校企联合组建专兼结合的实训平台教学团队和实训平台管理团队，实现专职实训指导教师的双师比率达到100%，吸收合作企业技术骨干和能工巧匠作为兼职实训指导教师，制定和实施“青年教师英才计划”“教学团队火箭计划”，在大师传、团队帮和师傅带的促动下，打造一支以“教练名师”为主力军，具有现代职教理念、教学经验丰富、技艺精湛的校企共享的教学团队和科研团队。

（五）通过省级转移中心带动，强化培训和“五技”服务

在纺织行业特有工种技能鉴定中心的基础上，发挥绿色智慧纺织服装云实训平台中的云培训中心作用，为师生、企业员工和社会下岗待业人员开展各种技能与管理培训，通过创新驱动、人才拉动和中心带动，借助共建的云加工中心的企业技术难题收集系统，实现平台中云设计中心、云检测中心等联动，联系洽谈企业挂牌技术转移分中心，联合开展技术开发、技术转让、技术许可、技术服务、技术咨询的“五技”活动，从横向课题项数、新产品数、专利数、到账经费等方面进行效果评估。

三、实训云平台建设内容

1. 资源开放，改革组织管理模式

以现代化纺织服装产业发展为主线，基于云技术，架构集纺织服装产品检测、设计、加工、营销、培训于一体的绿色智慧云实训平台，实现纺织服装的材料创新、技术研发、成果转化、生产应用等上、中、下游的有机链，开放学校科研、专业、人才资源，把人才、资本、信息、技术统筹融合，促使创新主体各要素相互作用、相互适应，逐步形成有序运行、优化升级的组织结构，创建多方共建共管共享机制，构建依托平台的校企双主体协同育人机制，实现校企双方协同发展。

建立平台主任负责制，实行单列计划、单独考核、单独管理、单独核算。全员聘任上岗，鼓励人员流动，从而形成一套规范、高效运行的产教融合实训

平台建设与管理运行机制（图 7-5）。

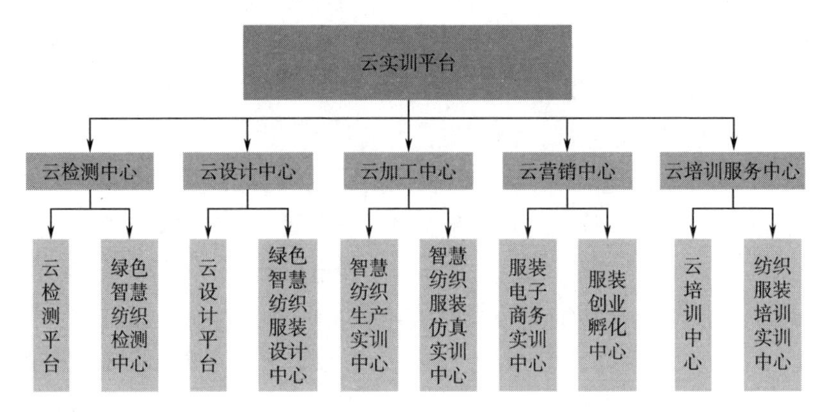

图 7-5　绿色智慧云实训平台组织架构示意图

2. 整合资源，探索云实训平台运行机制

借助现有的学校和企业的人力资源，完善校企人员互兼互聘制度，形成数量充足、结构合理、人员稳定的专兼职实训指导教师团队，建立“双向引进、双向互聘、双向培训、双向服务”的校企合作运行机制，实现学校与企业之间、学生与岗位之间的有效对接。重点探索学校与学校之间骨干教师和管理人员互派机制，加强学校与企业之间教师和技术人员互派挂职培训、走进课堂担任兼职教师等工作力度。基地与企业互相协作建设，引入企业现代化理念，营造企业化的职业氛围，协作单位参与实训基地建设规划、实训项目开发、实训设施选型、实训教材建设、实训质量评价。建立多主体持续投入机制，积极探索云设计中心的设计师个人智力入股的多元股份合作模式、云加工中心的校企多元入股混合所有制合作模式，激励企业或个人持续投入经费，确保平台设备和技术持续完善和更新（图 7-6）。

3. 专创融合，改革人才培养模式

纺织服装、智能制造、信息和国际贸易等专业的融合是现代化纺织服装产业转型升级的内在需求，有效支撑现代纺织服装产业的发展，也是创新人才培养的必然选择。校企双方协同开展科技推广和人才培养，联合培养现代纺织服装高素质技术技能型人才，持续提升“人才、专业、服务”三位一体的创新能力，致力于将平台建设成为国内知名的智慧纺织服装学生专业实践、创新创业平台，企业技术服务和员工培训多功能服务平台。同时，实行产教融合、工学结合的人才培养模式，培养大批现代纺织服装专业技术技能人才。构建实训

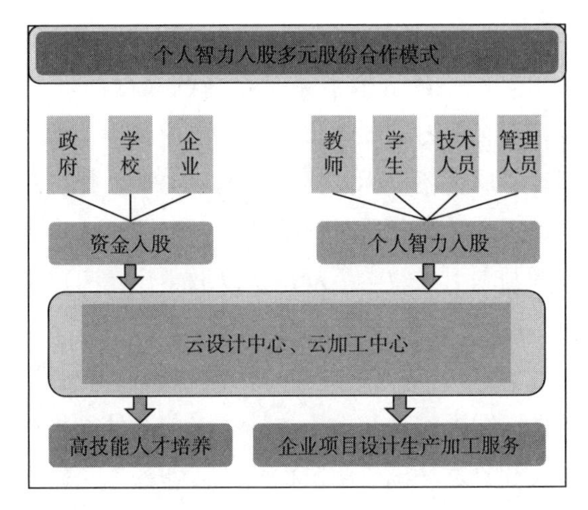

图 7-6 云设计中心、云加工中心运营模式示意图

平台协同创新机制，建立“专创融合”的创新创业教育课程体系，将学生的创新创业能力培养融入专业技能菜单中，培养大批创新创业型专业人才。

4. 建好云管理系统，实现科学高效管理

系统架构云平台系统，编制平台建设方案，遵循长期规划、分步实施的原则，逐步完善各子云实训平台，通过建设云管理系统，打通各子平台应用间的通信渠道，实现组织间协同运作，为纺织服装企业和设计师提供整体系统的检测、设计、加工、营销和人才等需求解决方案，强化主体之间的沟通，提升双方的工作效率。通过建立监督反馈机制，对平台主任行政管理系统行使监督权。对各子平台运行情况进行过程控制，由学术委员会和行业企业实践专家共同进行成效评估，根据云平台开放运营情况和产业服务效益的考核结构，重新调整资源配置和绩效考核管理方案，促使各平台从个体、封闭式向流动、开放式转变；对于开发程度深、推广反响好、社会认可度高的云实训子平台予以经费重点支持。

5. 参照《悉尼协议》，搭建闭环质量保障体系

参照《悉尼协议》，结合专业教学标准，遵照工程教育认证的核心理念及做法，参照专业认证标准，搭建多元多层次闭环质量保障体系，保障专业人才培养质量适应产业需求。

校企双方共同建设实训教学体系中各项岗位技能的教学质量监控与评价标准体系，重点实现实践、理论和理实一体化三类课程差异化标准体系的建立；构建由企业专家、学校督导、学生和第三方认证机构四主体构成的多元多层次

监控和评价机制。建立学校、二级学院、系部以及教研室四级督导体制；形成教学信息员、优秀学生代表和学生主体等在内的多层次学生样本监督评价机制；根据纺织服装行业企业专家的建议，邀请校内督导及优秀学生代表共同参与制定和完善课程教学质量评价标准体系。运用PDCA循环理论，构建实训教学质量不断改进的动态良性闭环质量保障体系，形成更为合理有效的监控与评价反馈机制，正确激励和引导教学活动，实现教学质量有序循环上升。

6. 弘扬文化，营造创新环境与氛围

坚持“开放、包容、协同、持续”的基本原则，突破创新主体壁垒和管理隶属的隔阂，建立以线下实训基地为主体、参与企业密切协同的创新文化体系，打造卓越的实训和研发环境，激发校企双方参与人员的创新热情，厚植绿色智慧纺织服装产品设计、智能制造、智能检测、智慧管理与营销等创新精神，营造有利于校企合作共建实训基地健康、科学、可持续发展的创新氛围。

第三节　金地云实训平台数字化建设研究

一、运用虚拟技术，借助大数据园区，开展数据挖掘，合作悦达棉纺，共建云检测中心

依托国家级纺织服装实训基地，盐城市政府牵头组建学校周边的大数据产业园区，架构智慧云平台，利用仿真和虚拟技术，学校与江苏悦达棉纺有限公司、盐城市纤维检验所合作共建云检测中心，为企业发布检测供需信息，与企业携手共建仿真检测项目及其操作过程，采集不同企业的产品检测数据，在云计算技术的帮助下，对采集的数据进行整理、诊断和分析，既可以帮助企业解决生产实践中的产品质量问题，还可以将数据归纳整理用于《纺织材料检测》《纺纱技术》等教学案例库的建设中。纺织材料检测仿真平台可用作校内教学及社会人员的云培训在线资源（表7-1）。

表7-1　云检测平台结构和功能

平台名称	子平台名称	功能
云检测平台	云检测中心	发布企业检测供需求信息，搜集和整理企业纺织服装产品检测数据，整合纺织服装检测虚拟仿真实训项目操作及数字化学习资源，供不同学习对象的在线学习培训使用

续表

平台名称	子平台名称	功能
绿色智慧纺织检测中心	纺织检测中心	纺织检测中心可为校内外师生及企业提供纺织品定性定量分析、纤维可纺性分析、纱线性能检验、纱线品质评定、织物常规性能检验、织物功能性检验以及纺织品生态性能检验等检测项目服务
	江苏省生态纺织工程技术研究开发中心	设有恒温恒湿实验室、电子扫描电镜、原子吸收光谱仪、超临界二氧化碳萃取仪等一批进口仪器设备，用于纺织品性能检测

二、坚持绿色设计，设计师个人智力入股，实现市场运作，合作悦达家纺，共建云设计中心

依托校企共同建设的校内悦达家纺研发中心和服装设计中心，选用设计师个人智力入股的合作模式，将引领行业发展作为目标，依托江苏省生态纺织研发中心，建设线上线下相结合的实训中心，即绿色智慧纺织服装研发实训基地和云设计中心，将生态环保的绿色纺织材料实训室和服装智能研发中心作为重点建设任务，不断拓宽学生关于纺织领域前沿科技的知识面，培养学生将新材料、创新设计理念运用于纺织服装产品设计的创新思维能力。通过搭建云设计中心，帮助校内师生和设计师实现设计和研发作（产）品市场化运作。新型纺织材料实训室主要购置静电纺丝设备、接触角测试仪等仪器设备，用于纺织新材料研究和产品设计。将现有的唯洛伊女装工作室和亨威职业装研发中心进行资源整合，基于现有的三维人体扫描仪和三维试衣系统，拓展建成服装智能研发中心，学校专任教师与企业技术骨干人员共同组成三维服装产品研发团队，承接亨威等服装企业的新产品开发项目和服装的个性化定制项目（表 7–2）。

表 7–2 云设计平台结构与功能

平台名称	子平台名称	功能
云设计平台	云设计中心	为师生、中小企业或个人提供纺织服装产品研发设计的素材信息，搭建中小企业产品设计沟通交流平台
绿色智慧纺织服装产品研发中心	绿色纺织材料实训室	纺织新材料研究与开发，用于纱线、面料及其服装产品开发
	纺织产品设计中心	主要用于新型纱线、面料、家纺产品研发设计

续表

平台名称	子平台名称	功能
绿色智慧纺织服装产品研发中心	服装智能研发中心	服装相关专业承接校企合作项目。具体内容包含人体尺寸三维测量、服装款式设计、服装 CAD 样板制作、服装三维试衣效果模拟。提供私人定制服装产品服务

三、借助仿真技术，打造智慧型生产加工车间，构建远程系统，合作悦达纺织企业，共建云加工实训中心

借助虚拟仿真技术，打造智慧型生产加工车间，架构校企远程系统建设实景教学中心，是解决人才培养与企业生产需求脱节问题的重要手段。基于原有国家级纺织服装实训基地，改建细纱、织造生产实训室，增置 NI 虚拟仪器平台及机器视觉系统等设备，用于节能型、智能化纺织生产设备的实训教学与科学研究；携手悦达纺织，校企合作共建棉纺、织造车间 MES 实训中心，实时了解细纱、织造车间的生产情况并对实时分析生产质量情况；学校开发织机 HMI 模拟仿真软件，实现现代织机虚拟仿真线上实训教学。打造纺织实景教学中心，实现校中厂的教学现场与企业生产现场的同步，协助企业分析生产中出现的各种质量问题，分析和解决产品质量问题，提出合理的改善建议，提升企业的信息化、智能化管理水平，为企业打造数字工厂、实现精益生产提供帮助（表 7–3）。

表 7–3 云加工平台结构与功能

平台名称	子平台名称	功能
智慧纺织生产实训中心	智能纺织生产实训室	新购贴膜机、烫花机等新型面料后加工设备，智能化、节能型纺织生产设备研究，为纺织企业智能化工厂改造提供参考
	织造企业 MES 实训中心	将悦达家纺的织造车间的生产过程执行管理系统，通过信息化技术接入校园，实现信息化管理与教学
智慧纺织服装仿真实训中心	现代织机虚拟仿真实训室	开发织机 HMI 模拟仿真软件，实现现代织机虚拟仿真实训
	纺织实景教学中心	对悦达纺织生产车间进行远程实景教学，实现企业生产现场与教学现场同步

四、坚持绿色供给，利用“互联网+”技术，服务创新创业，合作亨威实业，共建云营销中心

利用“互联网+”技术，依托学校的省示范性创业实训基地，建设服装专业电子商务实训中心，与江苏亨威实业集团共同搭建电子商务营销平台，对学生进行电商创业认知、创业培训、创业模拟和创业实战教学。与亨威集团合作，整合企业教育资源，校企合作共同开发服装电商实训教学资源和实训项目，以企业电子商务业务流程为方向，开展纺织服装相关专业学生的电子商务技能培训，指导学生完成以服装为载体的项目式电子商务营销工作任务，服务部分学生今后从事网络产品运营与网上创业，并引进亨威集团先进管理理念，融入优秀的企业文化。亨威集团业务部门提供对应岗位供学生开展网络营销实践训练，不断增强学生职业道德、职业技能、职业精神和就业创业能力，加强学生电子商务知识掌握程度，并能延伸进行网站策划、网站设计、网站运营或网络创业。联合纺织服装学院成立电商社团，建成服装创业孵化中心，开展电子商务知识培训和网络产品运营实战训练，帮助有梦想的学生实现成功创业（表7-4）。

表7-4　云营销平台建设规划表

平台名称	子平台名称	功能
服装电子商务实训中心	电子商务实训室	纺织服装类专业信息化软件应用共享平台，提供电子商务概论、图形图像处理等实训，含师生交流互动、营销过程（商务谈判）体验、产品策划方案项目研讨等
	线下服装展示与体验中心	提供服装面料及服装产品展示、服装生产体验等。通过网络远程展示面料、服装等，让消费者所见即所得，轻松实现网上定制和购物
	服装电商摄影特效室	提供服装电商摄影道具和器材，形成多用途、多空间的服装摄影背景实训环境
	服装产品模拟交易中心	设计基于网络销售需求的服装，管理各类销售平台和系统，模拟完成服装网络交易
服装创业孵化中心	服装电商创业孵化中心	提供学生电商创业的基础条件，提供产品规划、技术指导、创业帮扶、快递配送等指导

五、坚持服务理念，突出技能包建设，创新网络培训，合作行业协会，共建云培训服务中心

依托国家级的纺织服装专业实训基地和学校现有的国家级纺织行业特有工种职业技能鉴定站，通过现代信息技术对校内纺织服装专业数字化网络教学资源和纺织服装行业企业的各种专业教学资源进行深度整合，构建纺织服装专业人员云培训平台，形成各方专业人士沟通交流学习平台，助力师生全面发展和业内人士不断学习进步，实现校、行、企和学习者之间的互联互通、有效整合，共建共享各方优质专业数字化学习资源，实现专业知识和技能的在线学习和培训以及学校师生、行业企业管理者、技术人员、一线员工之间的有效交流互通，促进在岗人员知识和业务水平不断提高。

在线下培训平台建设方面，渐进改造更换部分仪器设备，重点打造国际职业能力训练中心，建设纺织服装国际贸易实践教学平台，增添电脑、传真机、语音设备等设施，环境比照外贸公司的布局与风格，以营造出全真的专业实训环境；持续修缮和改造升级生产设备，将各专业实习实训教室模拟成对应产品生产加工基地，完成国际外贸业务的全流程模拟。

以校中厂的形式与亨威实业集团合作探索在云培训服务中心建设远程实景教学系统，实施现代学徒制人才培养模式（表7-5）。

表7-5　云培训服务中心建设规划表

中心名称	子项目名称	功能
云培训服务平台	云培训服务中心	建设培训技能包，为行业企业提供网络继续教育培训、技能鉴定、产品研发、技术服务等服务，帮助企业实现转型升级和走向国际化市场
	纺织服装商务英语口语实训室	纺织服装类专业商务英语学习及交际英语口语训练
	纺织外贸跟单实训室	提供纺织外贸跟单业务全流程体验与训练等
	国际贸易模拟实训室	提供纺织服装国际贸易模拟与训练
	纺织服装实训基地	提供纺织服装师生及社会人士教育培训、技能鉴定和开展产学研项目研究

六、加强产教融合教学模式建设

实训基地建成后，针对不同的使用对象和需求采用现代学徒制实训模式、短期强化培训模式、技术研发式实训模式等全新教学模式，开发相关培训课程、技能包、教材、操作手册等材料，以满足受训者的需要，提升实训效果。

（一）现代学徒制实训模式

绿色智慧纺织服装云实训平台建成后，坚持开放共享性原则，优先为盐城市纺织职教联盟内、区域内院校的在校学生开展绿色智慧纺织服装产品设计、生产、检测、经营与贸易等方面的专业技能实训。实训采用“入校即入企、上课即上岗”的实训模式，实行“师傅+老师”的双导师培养，以“校中厂、厂中校”为平台推行现代学徒制实训模式，对接纺织服装产业最新职业标准、行业标准和重点企业岗位工作规范，结合岗位工作实际过程，梳理典型纺织服装企业岗位技能菜单，构建“全真型全流程项目化”专业实践实训教学体系，参照《悉尼协议》构建纺织服装专业建设质量保障体系，引入但不照搬国际职业资格标准，建设体现导做导学的实践教学特色资源，充分体现校企协同育人。

（二）短期强化培训模式

针对院校教师专业技能需求，结合行业特点和教学标准，开展核心专业技能的短期培训；针对企业员工和社会待业人员生产一线需求，开发培训课程、模块技能包、教材、培训手册，实现私人定制的培训内容和培训模式。

（三）技术研发式实训模式

依托实训基地产业优势，围绕现代纺织服装产业链，集聚社会优质资源，进行纺织新产品、新工艺、新技术、新模式等研发推广，以招标的形式吸纳全国范围内的师生加盟研发，提高师生的创新意识和能力，增强人才培养的核心竞争力。

（四）“互联网+实训”模式

以现代纺织服装产业互联网技术，以悦达纺织集团和合作企业生产现场为主体，以其他各校外实训基地为辐射点，建立一体化、一站式，全面开放、共享、合作的纺织服装企业信息化管理实训平台。按照模块化、功能化和集成化的原则，整合和汇聚现有信息网络资源，建设面向纺纱、织造、服装等不同领域的典型车间信息化物联网应用子系统，远程开展实践和训练任务，完成观摩和学习，以适应职业教育专业技能实训教学的需要。

七、加强实践育人和服务能力建设

在实践育人建设方面，与合作企业做好对接和协调工作，结合各专业、企业特点，充分考虑教学进度与教学内容，实施校企轮转的现代学徒制。在人才培养目标与教学方案制定上，紧密围绕企业要求，以职业能力递进培养为主线，引进行业国际职业资格标准，校企双方共同开发课程框架体系，满足初级岗、提高岗和熟练岗递进训练要求。对接纺织服装产业最新职业标准、行业标准和重点企业岗位工作规范，结合岗位工作实际过程，构建“技能菜单式”的现代纺织服装实践教学体系，参照《悉尼协议》制定与国际工程教育认证相吻合的校内实践教学质量监控和保障体系。发挥学校和企业文化双育人的功能，制定学生素质系统化培养方案，实现学生职业技能训练和职业素养培养的有机融合。构建以学生技能竞赛和创新创业大赛为龙头，课外科技科普活动为平台，大学生创新创业基地为依托，科技创新团队为抓手的学生创新创业培训模式，不断完善学生创新创业能力培养工作机制。以培养学生创新创业精神、提升双创能力为中心，基于学生创新创业课堂教育、科技创新活动和创业实践活动，帮助学生“提高实践能力，培养创新精神，拓宽创业渠道，塑造创业人才”，培养国家建设需要的创新型高水平人才。依托学校创新创业教育的“三个体系”和“四个中心”，校企合作、产教融合，服务学生创新创业教育，建立分层次、分类型的学生创新创业训练项目扶持体系，孵化学生创新创业项目。

在服务能力建设方面，校企共建智慧纺织研发团队、智慧服装研发团队、纺织技能大师工作室、服装技能大师工作室等，建立智慧纺织服装技术技能积累创新联合体，与国内多所同类院校建立合作关系，为其开展实训基地建设规划及师生培训活动；依托智慧纺织服装云实训平台，为师生、企业员工和社会下岗待业人员开展各种技能与管理培训，校企联合开展纵横向课题，为企业开发新产品，师生联合申请专利。

参考文献

[1] 徐冬梅，丛后罗，曾长春．高分子智能制造技术专业优质资源库建设方案的研究［J］. 现代商贸工业，2024，45（5）：253-255.

[2] 陈晖，孟祥磊，黄镇财．工程机械运用与维修技术专业群建设的研究与实践［J］. 教育观察（上半月），2024，13（4）：71-74.

[3] 车艳竹. 旅游管理专业教学资源平台的建设与利用 [J]. 黑河学院学报, 2024, 15 (1): 69-71.
[4] 于玮. 面向专业群的校本教学资源库建设思路与架构研究 [J]. 科技风, 2023 (36): 146-149.
[5] 赵智锋, 乐诗婷. 铁路物流管理专业教学资源库课程思政体系构建与优化 [J]. 武汉冶金管理干部学院学报, 2023, 33 (4): 61-65.
[6] 黄素德. 教学资源库的设计案例分析 [J]. 集成电路应用, 2023, 40 (12): 54-56.
[7] 张振锋, 吴南, 王赞森. 基于 eNSP 仿真平台的中小型企业组网实验与设计 [J]. 网络安全技术与应用, 2023 (12): 11-14.
[8] 赵磊, 姜为青. 纺织导论双语教程立体化教学资源的建设与应用实践 [J]. 现代职业教育, 2021 (32): 82-83.
[9] 顾建华, 王慧慧. 校园网在信息技术与课程整合中的运用 [J]. 时代农机, 2020, 47 (6): 148-150.
[10] 管丽萍, 田维维. 基于学习通网络平台的混合式教研工作优化探索 [J]. 科技风, 2020 (3): 60.
[11] 李天景. "互联网+" 背景下高职实践性教学资源开放共享创新与实践 [J]. 河北农机, 2019 (4): 74.
[12] 曹金华. 动态互动式教学资源库管理系统的设计与实现 [D]. 镇江: 江苏大学, 2018.
[13] 王可, 马倩. 高职院校数字化学习平台建设的研究与实践: 以盐城工业职业技术学院为例 [J]. 纺织服装教育, 2017, 32 (1): 38-41.
[14] 刘艳, 高小亮. 高职 "家用纺织品设计与工艺" 课程网络资源平台的建设实践 [J]. 纺织服装教育, 2015, 30 (4): 310-312, 337.
[15] 散晓燕. 基于技能模块高职汽检专业教学资源库建设 [D]. 杭州: 浙江工业大学, 2015.
[16] 刘玲, 郁兰.《机织技术》课程开放型网络动态资源库的构建与应用 [J]. 山东纺织经济, 2014 (10): 42-44.
[17] 顾大明, 刘晓天. 基于网络课程资源库的高职信息技术教学研究 [J]. 福建电脑, 2013, 29 (8): 37-38, 76.
[18] 王慧慧, 殷士勇.《信息技术》课程教学资源的校本化建设与研究 [J]. 高等职业教育 (天津职业大学学报), 2013, 22 (4): 48-51.

[19] 张晶晶，张芙蓉．数字化转型赋能，构建智慧高效课堂：以小学信息技术课为例［J］．科幻画报，2022，26（9）：87-88.
[20] 唐纪瑛．数字化转型背景下职业院校模块化定制实训教学模式研究［J］．教育与职业，2023，1032（8）：90-94.
[21] 张圣忠，周彬，赵菊梅，等．基于企业用人需求的"产教融合、校企合作"纺织服装实训平台的建设［J］．轻纺工业与技术，2017，46（6）：102-104.
[22] 袁璟瑾．数字化赋能高职教育智能化转型的驱力、挑战及路径［J］．武汉船舶职业技术学院学报，2024，23（2）：58-62，68.
[23] 何玉英．数字化财经专业群实训平台搭建的探索：基于广东南方职业学院的研究［J］．产业与科技论坛，2021，20（19）：223-224.
[24] 赵菊梅，秦晓，王前文，等．产教深度融合绿色智慧纺织服装云实训平台的建设思路［J］．轻纺工业与技术，2018，47（12）：89-90.
[25] 姜为青，陈春侠，黄素平，等．基于产教融合"云平台"高职纺织多层次人才培养路径探究［J］．轻纺工业与技术，2021，50（3）：134-135，144.
[26] 谭丹．"虚拟仿真实训教学及资源云平台"建设背景下职业技能培训研究［J］．重庆电力高等专科学校学报，2024，29（2）：53-58.
[27] 杨家蓉，邓昌全，唐华．虚拟仿真实训教学统一数字化平台和服务器部署研究［J］．电脑知识与技术，2023，19（25）：102-105.
[28] 赵磊，张荣华，陈贵翠，等．纺织服装专业虚拟仿真实训云平台的建设［J］．纺织服装教育，2018，33（2）：154-157.
[29] 韩锡斌，杨成明，周潜．职业教育数字化转型：现状、问题与对策［J］．中国教育信息化，2022，28（11）：3-11.
[30] 杨传喜．产教深度融合背景下高职教育数字化转型研究［J］．商丘职业技术学院学报，2024，23（2）：54-57.
[31] 翁伟斌．高职院校产业学院建设：应为、难为和可为［J］．职教通讯，2022，38（3）：5-12.
[32] 申国昌，姬溪曦．职业教育数字化转型的价值、内涵与路径［J］．现代教育管理，2024，5：105-116.
[33] 郭群，缪朝东，嬴萍丽．数字化转型背景下职校教师专业发展的价值逻辑、实践困境与路径选择［J］．教育与职业，2024（10）：64-70.

[34] 巫程成，周国忠．数字化赋能职业教育的理论溯源、困境与出路［J］．教育与职业，2023（6）：52–58.
[35] 靳成达．教育数字化转型背景下职业教育高质量发展的理论内涵、显著特征与实践策略［J］．教育与职业，2023，1044（20）：54–60.
[36] 何静，曾绍玮．职业教育数字化转型的价值、动力、逻辑与行动方略［J］．教育与职业，2023（5）：85–92.